ÉTUDE

SUR LE

PROJET DE DESSÉCHEMENT

ET D'IRRIGATION

DE LA VALLÉE DU NÉ INFÉRIEUR

ANGOULÊME, IMPRIMERIE A. NADAUD ET Cᵉ,
Rempart Desaix, 26.

ÉTUDE

SUR LE

PROJET DE DESSÉCHEMENT

ET D'IRRIGATION

DE LA VALLÉE DU NÉ INFÉRIEUR

PAR

JUSTIN GARLANDAT

INGÉNIEUR, ARCHITECTE DE LA VILLE DE COGNAC

ANGOULÊME

A. NADAUD ET Cie, IMPRIMEURS-ÉDITEURS

—

COGNAC

NOGUÈS, LIBRAIRE

—

1866

AVANT-PROPOS

« Améliorer le régime des eaux de manière à les faire
« concourir, le plus complétement possible, à l'utilité
« générale ; obtenir la cessation des dommages dont
« souffre journellement la propriété riveraine, assainir les
« terrains marécageux, étendre les nombreuses utilisa-
« tions agricoles que peuvent recevoir les eaux courantes
« convenablement dirigées, c'est ouvrir des sources
« de prospérité si nombreuses et si grandes, qu'au-
« jourd'hui la science de l'ingénieur ne saurait être
« dirigée vers un but plus utile.

« Si les opérations de cette nature sont partout regar-
« dées comme ce qu'il y a de plus désirable pour l'avenir
« agricole d'un pays, c'est qu'elles donnent le moyen de
« conquérir, par l'emploi d'un agent naturel, des élé-
« ments nouveaux de fertilité, et que, tendant directe-

« ment à l'accroissement des prairies, elles sont l'appli-
« cation de cet axiome élémentaire : que les fourrages
« et les bestiaux forment la base nécessaire de toute
« bonne agriculture. »

Telles sont les considérations que M. Nadault de Buffon, ingénieur en chef et professeur à l'École impériale des ponts et chaussées, présentait à l'Empereur, en lui offrant l'hommage de son excellent cours d'hydraulique agricole.

Rien ne saurait remplacer le langage de ce maître de la science, et en pareille matière c'est une bonne fortune que de pouvoir placer sous le patronage d'une telle autorité un travail dont l'unique but est de servir utilement un projet d'utilité publique.

La question de desséchement de la vallée du Né n'est, par rapport aux prodigieuses études de cet illustre écrivain, qu'un épisode ; de telle sorte qu'il est impossible de toucher à un pareil sujet sans être amené à faire l'application de ses magnifiques synthèses.

Aussi notre avant-propos se trouve-t-il tout entier dans les pages de cet auteur. On ne nous accusera pas ainsi d'avoir des opinions préconçues, des plans arrêtés d'avance et des théories personnelles.

Ce que nous avons écrit n'est que le pâle reflet des opinions et des idées des hommes les plus versés dans cette science, et c'est avec satisfaction que nous pouvons encore, à l'appui des développements que nous avons donnés à la question, emprunter à M. Nadault de Buffon les observations suivantes, qui semblent avoir été écrites dans l'intérêt du projet que nous préconisons :

« Le curage des cours d'eau non navigables a, sur la « richesse publique, une influence plus directe qu'on ne « pourrait le croire.

« Dans un très grand nombre de localités, l'agricul-« teur éprouve les plus graves dommages par suite du « mauvais régime de ces cours d'eau. De toutes parts des « plaintes se font entendre sur cet objet, vers lequel on « appelle constamment la sollicitude de l'administration « publique. C'est qu'en effet le curage des cours d'eau « est une opération qui touche, de la manière la plus « directe, aux intérêts de l'agriculture ainsi qu'à ceux de « l'industrie. Mais, soit par les difficultés matérielles « inhérentes à son exécution, soit par suite d'obstacles « d'une autre nature, partout cette opération laisse beau-« coup à désirer.

« Du moment qu'un cours d'eau est obstrué soit par « des alluvions ou atterrissements, soit par des planta-« tions, constructions ou autres causes analogues, il « donne lieu à des débordements qui, à peu d'exceptions « près, sont nuisibles à une zone plus ou moins étendue « des propriétés riveraines. En effet, pour que des sub-« mersions éventuelles soient profitables à l'agriculture « il faut : 1° que le cours d'eau continue d'occuper le « thalweg de sa vallée; 2° que ses rives soient occu-« pées par des prairies naturelles ; 3° que lesdites submer-« sions n'aient lieu que hors de la saison de la végétation

« active, etc. Or, cette réunion de circonstances est assez
« rare pour que l'on conçoive que, dans le très grand
« nombre des cas, les débordements sont très nuisibles
« à l'agriculture. Cela est d'autant plus vrai que, une
« fois détérioré, le régime d'un cours d'eau tend chaque
« jour à le devenir davantage.

« Si, par l'absence de tous travaux d'entretien, on
« laisse un pareil état de choses s'aggraver pendant un
« certain nombre d'années, il peut devenir intolérable ;
« car une grande étendue de propriétés riveraines perd
« peu à peu de sa valeur.

« Voilà pourquoi un si grand nombre de localités souf-
« frent de dommages toujours croissants causés par le
« mauvais régime de ces cours d'eau, et pourquoi, pres-
« que partout, des plaintes s'élèvent pour demander l'a-
« doption de mesures propres à mettre un terme à un
« si fâcheux état de choses....

« L'utilité des *règlements généraux* qui introduisent
« des procédés uniformes pour l'application des mesures
« d'une utilité reconnue a aussi été maintes fois constatée,
« et l'on doit dès lors chercher à en appliquer le principe
« toutes les fois que cela est praticable.

« Il est évident qu'avant d'arriver à pouvoir tirer le
« meilleur parti possible des cours d'eau pour leurs
« diverses utilisations agricoles ou manufacturières, on
« doit tâcher avant tout de pourvoir à la cessation des
« dommages qu'ils causent, et, autant que possible, à la
« régularisation de leur régime.

« Si, dans un pays comme la France, l'on a égard à
« l'immense développement qu'occupent les cours d'eau,
« dont le mauvais état réclame impérieusement le curage,
« si l'on prend en considération l'étendue des terres qui
« souffrent des submersions nuisibles et *surtout de l'hu-*
« *midité permanente*, enfin le chiffre énorme des dom-
« mages ainsi causés à l'agriculture, on comprend aisé-
« ment pourquoi il faut qu'une législation sévère existe,
« afin d'armer l'administration publique des moyens
« nécessaires pour assurer l'exécution de ce travail, qui
« doit se faire aux frais des particuliers. »

A côté des données scientifiques il y a les données
officielles. Après les théories de l'ingénieur se placent les
affirmations du gouvernement et les vœux des conseils
électifs du pays.

M. le Ministre de l'agriculture, à la séance d'ouverture
de la Société nationale et centrale d'agriculture, le 13 novembre 1850, prononça ces éloquentes paroles :

« L'agriculture fait la force du pays, elle en prépare la
« richesse, elle en conserve la moralité à travers les
« âges.

« Sa représentation la plus savante est au milieu de
« vous, et le gouvernement du pays, qu'une égale sollici-
« tude anime pour les souffrances présentes des popula-
« tions rurales et pour les futurs progrès de l'industrie
« agricole, ne saurait demeurer étranger à vos travaux;

« aussi, vous le savez, il les suit avec sympathie, il s'y
« associe avec empressement.

« Que dans tous ses degrés, en bas comme en haut,
« l'agriculture demeure, en effet, bien convaincue qu'elle
« occupe le premier rang dans la pensée du gouverne-
« ment. Longtemps négligés, que les intérêts agricoles
« sentent désormais une main protectrice étendue sur
« eux ; longtemps dédaignée, que la profession d'agri-
« culteur reprenne avec confiance son rang dans le pays.

« Quand le gouvernement désire que les travaux d'*ir-*
« *rigation* s'accélèrent et se multiplient, n'est-ce pas
« pour accroître nos ressources en pâturages et notre
« production en viande, aliment si rare encore sur la
« table de l'ouvrier des campagnes? Quand il cherche à
« propager les procédés d'*assainissement des terres*,
« n'est-ce pas parce qu'ils sont favorables à l'accroisse-
« ment des récoltes et à la santé des cultivateurs?

« Le laboureur a trop de bon sens pour demander
« qu'on change, du jour au lendemain, le sort de l'ou-
« vrier des campagnes ; il sait qu'on ne récolte pas le
« jour même où l'on a semé ; il sait que le temps est à
« toutes choses nécessaire ; il a de la patience, il atten-
« dra.

« Mais il faut qu'il sache aussi qu'en haut il y a un écho
« sympathique pour toutes ses douleurs, des récompenses
« pour tous les services qu'on lui rend, et la ferme inten-
« tion de marcher sans relâche à l'amélioration de sa
« destinée... »

Le Conseil général de la Charente-Inférieure, dans sa session de 1846, faisait valoir les considérations suivantes :

« Le département de la Charente-Inférieure doit une « grande partie de sa richesse agricole aux immenses « travaux de *desséchement* qui ont été exécutés dans son « sein depuis près de deux siècles et qui se continuent « encore de nos jours, sous la direction d'hommes éclai- « rés.

« Quant aux grands travaux d'irrigation, ils manquent « complétement dans la Charente-Inférieure ; et cependant « il est peu de départements qui soient placés dans de « meilleures conditions pour la création de cette source de « richesses nouvelles. Il est ici quelque chose de très re- « marquable, c'est que les terrains superficiels les moins « consistants, les plus aptes à rendre à l'air l'humidité « qu'ils renferment, sont précisément ceux qui se ren- « contrent dans les vallées où coulent nos principaux « cours d'eau, aux points mêmes où l'irrigation est le plus « facile à établir. Aussi les récoltes y sont-elles souvent « compromises par la sécheresse.

« Il est encore une autre remarque à faire ; c'est qu'à « peu d'exceptions près, *toute grande opération d'irriga-* « *tion dans ce pays se liera inévitablement à un grand* « *travail de desséchement déjà effectué ou à effectuer.* Et « on sait combien les eaux vives sont utiles pour les « prairies desséchées ; comme on sait aussi que les « récoltes de foins de nos grandes pairies sont souvent

« compromises, dans les années sèches, même dans les
« terrains qui touchent aux cours d'eau les plus abondants.

« On comprend, dès lors, quels immenses avantages
« peuvent résulter, pour l'avenir agricole de ce pays, de
« grandes opérations de ce genre, exécutées simultané-
« ment avec des vues d'ensemble et en faisant servir à
« l'arrosement des terres riveraines de nos bassins maré-
« cageux les eaux dont on les débarrasserait et qui crou-
« pissent dans leur sein, au détriment de nos intérêts
« agricoles et de la salubrité publique.

« On aura un aperçu de l'importance de telles opéra-
« tions quand on saura que les cinq principales rivières
« de la Charente-Inférieure ont un parcours de 350,000
« mètres courants dans les limites de ce département. Il
« semble possible d'arroser 30,000 hectares riverains, et
« évidemment de donner au sol une plus-value de
« 1,000 fr. au minimum par hectare, soit en totalité
« 30,000,000 de francs.

« Or, cela est possible, en utilisant seulement 50 0/0
« des pentes de nos cours d'eau, et sans nuire soit à
« la navigation, soit à la majeure partie des usines, par
« cette raison toute simple que les eaux ne seraient em-
« ployées momentanément aux arrosements que dans les
« mois d'avril, de mai, de juin, de juillet et d'août. A
« cette époque de l'année les eaux sont très abondantes
« dans les rivières ; car l'étiage, ou le moment des basses
« eaux, n'a lieu dans nos contrées qu'à la fin de septembre
« ou dans le mois d'octobre.

« On conçoit maintenant combien l'irrigation offrirait
« de ressources à notre agriculture et favoriserait son dé-
« veloppement et celui de l'élève des bestiaux, dont la
« puissance de production est subordonnée à celle de nos
« prairies. »

Le rapport d'une commission nommée dans le sein du
Conseil général de la Charente (session de 1847) porte
ce qui suit :

« L'opinion publique s'est dirigée principalement, dans
« ces dernières années, vers les moyens à employer pour
« augmenter la fertilité du sol de la France ; et il a été
« reconnu que notre pays n'avait pas assez de prairies,
« qu'elles n'y étaient pas en rapport avec l'étendue des
« terrains affectés à d'autres genres de culture ; que, dès
« lors, l'eau répandue sur le sol devait devenir l'agent le
« plus puissant de la création des prés, si nécessaires à
« l'agriculture.

« Avant tout, on doit donc prier l'administration de
« pourvoir d'abord aux mesures très essentielles, qui
« consistent :

« 1º Dans la confection des règlements généraux fixant
« les droits des usiniers et des riverains ;

« 2º Dans celle de règlements de curage et de redres-
« sement des cours d'eau.

« Le Conseil général de la Charente, approuvant ces
« propositions, a fait principalement sentir la nécessité

« du curage régulier des cours d'eau et les avantages qui
« en résulteraient pour l'agriculture, l'industrie et la
« salubrité publique , etc., etc.

« La nécessité des mesures d'ensemble dirigées par
« une autorité centrale se fait particulièrement sentir
« dans le département. En effet, l'absence de curage et
« de quelques redressements nécessaires dans la partie
« d'aval de certaines rivières , sur le département de
« la Charente-Inférieure , occasionne principalement des
« dommages dans celui de la Charente. C'est pourquoi le
« Conseil a appelé l'attention de l'administration sur la
« nécessité qu'il y aurait de faire intervenir un règle-
« ment d'administration publique qui obligeât le dé-
« partement de la Charente-Inférieure à opérer, en ce
« qui le concerne, le curage de ces rivières, et *notam-*
« *ment celui de la rivière du Né , qui cause beaucoup de*
« *préjudice par défaut de débouché dans sa partie infé*
« *rieure.* »

Depuis plusieurs années que nous étudions le projet de
desséchement de la vallée du Né, nous avons été frappé
de la justesse de ce qui précède, et c'est là ce qui nous
a tout à la fois guidé et inspiré dans nos rapports officiels
et dans la publication de cet ouvrage. Dans un pays où
ces idées sont à l'ordre du jour et deviennent un aliment
aux controverses locales, nous avons cru qu'il n'était
pas sans intérêt de livrer à la publicité le fruit de nos
laborieuses recherches et de nos patientes investigations,

persuadé que c'est encore le moyen de répondre à la confiance dont nous avons été honoré que de chercher à jeter le plus de clarté possible sur un sujet qui présente encore quelques ombres pour ceux qui, au lieu d'aller au fond des choses, s'arrêtent à la superficie.

Tel a été notre but. Le lecteur voudra bien ne pas chercher d'autre mobile à notre ligne de conduite. C'est un témoignage que notre conscience aime à se rendre à elle-même, et c'est celui que nous rendra, nous l'espérons du moins, l'opinion éclairée du pays.

Nous avons voulu remplir un devoir, être utile. Nous serions-nous trompé? On appréciera.

PROJET

DE

DESSÉCHEMENT DE LA VALLÉE DU NÉ

(PARTIE INFÉRIEURE)

RAPPORT A L'APPUI DU PREMIER PROJET

La partie de la vallée du Né à laquelle s'appliquent nos études et notre projet comprend le cours de cette rivière depuis son entrée dans le département de la Charente-Inférieure, à l'amont des communes de Cierzac et de Saint-Fort, jusqu'à son embouchure dans la Charente, au-dessous de Merpins, un peu en amont du bac du Port-du-Lys, établi sur le fleuve.

Les affluents du Né ci-après désignés sont aussi l'objet de nos études :

1° Le ruisseau d'Angeac-Champagne, nommé indistinctement ruisseau de la Motte ou de la Renorville ;

2° Le ruisseau de Cierzac ;

3° Le ruisseau de Germignac ;

4° Le ruisseau de Saint-Martial ou du Moulin-Gribaud ;

5° Le ruisseau de Coulonges, qui sert de limite aux communes de Celles et Ars, et en même temps aux deux départements de la Charente et de la Charente-Inférieure.

Dans ce parcours, qui a près de vingt kilomètres d'étendue, le Né forme la limite des départements de la Charente et de la Charente-Inférieure, moins toutefois dans la traversée de la commune d'Ars, où la vallée est tout entière dans le territoire de la Charente.

Sur la rive droite (Charente) le Né coule successivement sur les communes de Saint-Fort, Salles-d'Angles, Gimeux, Ars et Merpins. Le ruisseau de la Renorville, son tributaire sur cette rive, descend entre la commune de Saint-Fort et celles d'Angeac-Champagne et Salles-d'Angles.

Sur la rive gauche (Charente-Inférieure) le Né descend sur les communes de Cierzac, Germignac, Saint-Martial-de-Coculet, Celles et, après Ars, sur Pérignac. Sur cette rive, il reçoit le tribut des quatre affluents précédemment dénommés.

La direction générale de la vallée est du sud-est au nord-ouest. Elle est resserrée entre les coteaux vignobles des deux rives et présente des largeurs qui varient de 350 à 800 mètres.

La superficie des terrains baignés par le Né inférieur ou ses affluents, et intéressés au desséchement, est environ de 840 hectares. Tous ces terrains sont des prairies, à part quelques parcelles de bois situées en trois groupes principaux, à Angles, à Celles et en aval de Gimeux, et connues dans le pays sous le nom de Levades. Ces bois paraissent avoir été plantés de main d'homme; ils sont peuplés d'essences de peuplier, saule, frêne et ormeau. Les lisières des cours d'eau sont ordinairement garnies de cordons d'arbres ou arbustes semblables.

La vallée est traversée à Saint-Fort par la route départementale de Cognac à Barbezieux; à Merpins, par celle de Cognac à Pons. Deux chemins principaux de grande et de moyenne communication traversent les prairies, le premier par le bourg de Celles, le second par le Port-de-Jappe, en aval d'Ars; un troisième, en voie d'exécution, est tracé entre Germignac et Angles.

Quatre passages particuliers, créés pour l'exploitation de moulins, sont établis à Beaulieu, à la Roche, à Guélin et à la Sauzade, au droit de chacun de ces moulins.

Ainsi, deux routes départementales, trois chemins de communication et quatre passages particuliers ou privés, en tout neuf voies différentes, relient entre elles les rives opposées, sur le parcours des vingt kilomètres.

Des ponceaux et des gués particuliers sont établis sur divers points pour l'accès de prairies intermédiaires de cours d'eau.

A son point d'entrée dans la Charente-Inférieure la rivière est divisée en trois cours principaux ou biefs de moulins, dont deux, ceux de la rive droite, aboutissent au moulin de Saint-Pierre, et l'autre, sur la rive gauche, coule aux moulins de Bergeon et du Pas-de-Cierzac. Une quatrième dérivation intermédiaire naît des trois autres, dont elle reçoit le trop-plein, et circule sinueusement dans les prairies. Enfin, tous ces cours d'eau se confondent au pont de Saint-Fort en un cours unique qui tarde peu à se diviser.

A Saint-Fort la vallée est étroite. Les eaux du Né y sont réunies sous un pont formé de trois arches de 8m60 d'ouverture chacune, et un aqueduc de 2 mètres de largeur de débouché. Ces ouvrages appartiennent à la route départementale.

Les deux cours débouchant du pont et de l'aqueduc précités se divisent aussitôt en divers bras plus ou moins sinueux dans leur parcours. L'un, artère principale, a pour fonctions d'écouler les eaux successivement sur les moulins du Ménis, de Beaulieu, d'Angles, de la Roche et de Guélin. En aval de ce dernier moulin il se divise par moitié en deux bras, dont l'un descend, à gauche, à Bantard, au moulin Moreau, au moulin Neuf et à Sussac ; et l'autre, à droite, aux moulins du Chiron, du Couraud, de Mauriac (après avoir fait contact au canal rive gauche), et aussi à Sussac. L'eau, réunie à Sussac, non sans de fortes déperditions sur le bief dérivant de Mauriac, se dirige de nouveau en un seul cours, alimente les derniers moulins, qui sont la Sauzade, le moulin Foucaud et le moulin Vieux. Puis, au-dessous du moulin Vieux, le plus en aval de la rivière, elle passe par trois bras et autant de ponts sous la chaussée du Port-de-Jappe, se partage dans des canaux de création moderne, et enfin, au-dessous du pont de Merpins, rassemblée une dernière fois en un seul cours, par un canal collecteur, débouche dans la Charente.

Les eaux du Né, ainsi divisées et réparties diversement, sont utilisées avant tout, comme force motrice, à faire fonctionner dix-huit moulins à blé. Il est à remarquer que ces usines sont situées en deux lignes, *une sur chaque bord de la vallée*, et *que dans plusieurs cas un seul canal les alimente*. Nous reviendrons plus tard sur cette particularité, dont l'influence est majeure. Quant à présent, nous nous bornons à décrire l'état actuel et l'aspect général des lieux.

Les prairies du Né, dans la partie qui nous occupe, présentent deux grandes zones bien différentes dans leur état.

La zone d'amont, qui s'étend de Saint-Fort à la Sauzade, et qui se trouve limitée à ce point par le bief alimentaire du moulin Foucaud, ne contient presque que des prairies marécageuses. Quand les eaux ne la submergent pas, elles mouillent le sol à une trop faible profondeur, et les prés, perpétuellement humides, ne produisent guère que des joncs et d'autres plantes aquatiques fournissant des fourrages ou des pâturages de la plus médiocre espèce. L'état normal de cette zone étant l'excès d'humidité ou l'inondation, le produit du sol est une récolte de peu de valeur en fourrages marécageux, quand il n'y a pas disette, car l'effet de la submersion sur ces herbages de qualité inférieure achève de les rendre impropres à la nourriture du bétail et équivaut à la disette. On conçoit aussi que les pâturages qui s'offrent après la récolte doivent être d'un mince avantage.

La zone d'aval, entre la Sauzade et la Charente, diffère sensiblement de la première. Elle est peu marécageuse, et ne l'est même que sur des surfaces relativement peu étendues, où l'encombrement des canaux (faciles à dégager) entretient une humidité nuisible.

Dans cette partie, qui ne subit pas l'influence des moulins, les prairies produisent des fourrages de moyenne qualité, mais qui ne prospèrent bien ou abondamment qu'à la faveur des pluies du printemps. Et encore si les pluies sont ou abondantes ou continues, elles occasionnent des crues dont les plus ordinaires amènent l'inondation, qui a pour effet le limonage et le terrage des foins, ce qui endommage la récolte.

Le double inconvénient du manque et de l'excès d'humidité est contraire à cette zone. C'est dire que dans la seconde partie comme dans la première on n'a point de récoltes assurées à l'avance : dans une partie comme dans l'autre il importe d'améliorer le régime des eaux, au profit de l'agriculture en souffrance.

Ce fâcheux état de choses a, depuis longtemps, appelé l'attention des hommes sérieux de la contrée. Ils ont été frappés de voir les vastes prairies du Né et de ses affluents, partagées entre les onze communes riveraines, vouées pour ainsi dire à la stérilité, ou tout au moins ne donnant à l'approvisionnement des fourrages nécessaires au pays qu'un faible appoint, eu égard à sa juste valeur.

Aussi les habitants de ces riches communes, qui sont pauvres en récoltes fourragères, sont-ils forcés d'acheter de communes mieux dotées ou du commerce une grande portion du fourrage nécessaire à la nourriture de leur bétail. C'est ainsi que chaque année la plupart des propriétaires de ces communes se procurent péniblement et à grands frais, soit dans d'autres prairies éloignées et de bonne production, soit au quai de Cognac, les foins provenant des prairies de la basse Charente, des produits que leur sol devrait fournir. La quantité ainsi importée chaque année dans les communes riveraines du bas Né est immense ; nous croyons ne rien exagérer en la portant à plusieurs millions de kilogrammes. La constatation des sorties aux bureaux de l'octroi de Cognac confirme, au surplus, cette assertion.

Un aussi grave état de choses a donc ému ceux dont il lèse les intérêts. Sans conteste, ils ont reconnu le préjudice certain, et généralement ils n'ont pas douté qu'il fût possible d'en prévenir le retour. Mais leur action individuelle étant impuissante à remédier au mal, ils n'ont pu mieux faire que d'en appeler au pouvoir tutélaire de l'administration supérieure.

Conséquemment, des pétitions ont été formulées. De simples exposés de la matérialité des faits n'ont pas manqué de trouver l'administration attentive. Dans sa sollicitude pour les intérêts du pays, elle a vérifié le mérite des griefs dont on la faisait juge. Elle n'a pas tardé longtemps à reconnaître que les exposants avaient droit à la protection qu'ils réclamaient, et aussitôt elle a pris l'initiative des moyens qui pouvaient, dans une certaine mesure, protéger les prairies de la vallée.

Comme premier moyen, elle a fait opérer la réglementation des moulins, dont les digues de retenue des eaux étaient élevées arbitrairement par les usiniers et faisaient presque constamment submerger les prairies. Enfin, pour préparer l'achèvement de l'œuvre, elle a constitué le syndicat à qui est dévolue la tâche de compléter le desséchement commencé.

En patronant pour ainsi dire le projet, dont l'initiative est laissée au syndicat, l'administration a voulu le dégager d'entraves, le laisser se former librement, et le placer en dernier lieu sous l'égide de la loi, pour en assurer l'exécution.

Le syndicat organisé nous a chargé d'étudier la question et de lui soumettre la combinaison qui nous paraîtrait devoir atteindre le but de la manière *la plus sûre, la plus durable et la plus efficace.*

Nous nous sommes mis à l'œuvre. Nous avons exploré les lieux avec soin, reconnu la nature des terrains et dressé les plans et nivellements nécessaires à l'étude qui nous était confiée. Ces premiers éléments recueillis, nous avons dressé notre projet.

Dans le cours de ce rapport nous aurons souvent occasion de nous reporter aux plans, nivellements, profils, dessins, avant-métrés, détails estimatifs, devis, etc., toutes pièces composant notre projet et qui sont ci-jointes, au nombre de quinze.

PROJET.

CONSIDÉRATIONS PRÉLIMINAIRES.

La question que nous devons résoudre est celle-ci :

Dans l'intérêt bien compris de l'agriculture, dessécher la vallée du Né par l'un des moyens suivants ou par leur combinaison :

1o Curage ou approfondissement des cours d'eau, suivant leurs tracés actuels ;

2o Redressement ou déviation et élargissement de ces cours d'eau ;

3o Suppression de moulins, s'il en est qui soient et doivent toujours être une des causes réelles du préjudice à réparer.

On prévoit déjà que l'intérêt de l'agriculture peut ici se trouver opposé à celui de l'industrie ; car, si un ou plusieurs moulins nuisent, sans qu'il soit possible d'y remédier autrement que par leur suppression, ce qui entraînerait leur acquisition, il sera tout naturel d'évaluer les deux intérêts, de les comparer, et le plus fort devra prévaloir.

Le simple aspect des lieux ne suffit pas pour baser un système et préciser le meilleur mode des travaux à exécuter. Il est manifeste pour quiconque observe que de vastes prairies sont trop humides, marécageuses et de très modique production ; que d'autres gagneraient à être moins desséchées ; mais le remède à ce mal ne se révèle pas de prime abord à l'observateur. Celui-ci constate le fait ; il en prévoit la cause sans pouvoir judicieusement recommander l'emploi d'un moyen à l'exclusion de tout autre. Le problème est complexe ; c'est une question d'ensemble, et les éléments de la solution s'enchaînent par des rapports multiples.

Nous avons été conduit, par suite, à rechercher les niveaux comparatifs des cours d'eau et des prairies, ainsi que la relation et l'agencement des usines entre elles.

Pour y parvenir, nous avons appliqué sur la surface entière de la vallée un réseau de nivellements rattachés entre eux et à une horizontale constante. Ces nivellements généraux font partie des pièces du projet sous les numéros 4 et 5. Ils se composent d'un profil en long, parcourant d'un bout à l'autre le sol de la vallée, et dont la position est figurée au plan parcellaire par la ligne noire interponctuée, et, en outre, de quarante-trois profils faits en travers du premier, tracés comme lui et numérotés sur le plan parcellaire ; ils font connaître, de préférence dans les zones les plus utiles à examiner, le profil du terrain d'un coteau à l'autre.

L'ensemble de ces profils, qui trace à peu près la conformation du sol, permettra d'assigner à chaque travail sa position préférable et de juger des conséquences de son emploi.

Il résulte du profil général en long que la pente longitudinale de la vallée est presque régulièrement d'un mètre par kilomètre, soit un millimètre par mètre, et il ressort de l'examen des profils en travers que, transversalement, le terrain est à peu près horizontal dans la partie d'amont, qui est la plus étendue et en même temps la plus marécageuse, et que la partie d'aval présente une déclivité assez accusée, entre Gimeux et Ars.

Nous allons tout d'abord nous occuper spécialement de la zone marécageuse, de l'amont de Saint-Fort à la Sauzade.

En construisant les différents moulins, à une époque reculée que nous ne pouvons indiquer, on n'a point utilisé le lit naturel du Né, qui coulait dans le plafond de la vallée. On a détourné les eaux par des canaux artificiels, et, ne considérant évidemment que l'intérêt des usines, que l'on a créées en aussi grand nombre que possible, on a conduit les eaux là où l'on établissait les moulins, au risque de noyer les prairies, moins utiles autrefois qu'à notre époque. Le cours naturel du Né existe encore avec ses diverses branches; mais il est tronçonné plusieurs fois par l'intersection des canaux artificiels ; son rôle est secondaire et d'un effet peu sensible pour l'écoulement de l'eau, attendu qu'il ne reçoit que le trop-plein de chaque bief, qu'il rend au bief suivant et qui ne peut être employé par les moulins. Il est désigné dans le pays sous le nom de *Vieille-Mer*.

Un seul moulin parmi les dix-huit est placé sur la rivière naturelle, c'est celui de Guélin, car tout indique que son bief, large et profond, n'est pas le fait du travail de l'homme.

Dans l'état actuel, lorsque les eaux sont basses ou bien inférieures au niveau moyen, elles s'écoulent à peu près en entier par les biefs ou canaux artificiels des moulins. Mais aussitôt qu'elles se relèvent à ce moyen niveau ou qu'elles le dépassent, et surtout au moment des crues, les biefs et les moulins ne peuvent débiter tout le produit de la rivière ; une notable portion de l'eau, sinon la majeure partie, déborde sur les berges ou par les voies de décharge, se répand avec désordre sur les prairies et se confond avec la *Vieille-Mer*. Ces eaux extravasées inondent les prairies d'une couche de vingt, cinquante et exceptionnellement de soixante-dix centimètres de hauteur.

En général, les biefs alimentaires sont creusés *du moulin d'une rive au moulin inférieur le plus voisin de la rive opposée*.

Cette canalisation traverse *onze* fois obliquement la vallée dans toute sa largeur et, dans les intervalles des moulins, intercepte tous les canaux naturels ou fossés d'amont, en maintenant leurs eaux au niveau de celles du bief, artificiellement et successivement élevées, lequel bief devient ainsi, à vrai dire, un barrage liquide et permanent.

Considérée dans son ensemble, cette canalisation présente un tracé en ligne brisée qui allonge le parcours et affaiblit la pente : c'est un *zigzag* qui se reporte d'un coteau à l'autre, et qui, en interceptant les canaux naturels, les rend de nul effet pour le débit de l'eau, ce qui réduit on peut dire à un *seul cours* (le bief des moulins) la voie d'écoulement des eaux de la rivière.

Nous avons dit que les moulins ont été établis en nombre aussi grand que possible. Cela est évident, car dans les intervalles des chutes il ne serait pas possible d'en créer de nouvelles : le peu de pente qui se trouve dans l'ordre actuel de transmission des eaux et la faible chute de la plupart des usines, par rapport à leur mécanisme primitif, en sont pour nous la preuve.

Les biefs sont creusés à peu de profondeur dans le sol ; aux abords des moulins vers lesquels ils se dirigent ils sont même établis, pour former chute, en relief sur le sol de la vallée. On comprend facilement, dès lors, que de cette disposition des biefs endigués il résulte que la section des prairies située en amont de chaque moulin, entre son bief transversal de la vallée et le pied du coteau, soit le plus souvent inondée, ou au moins maintenue dans une humidité constante et préjudiciable.

Nous ajouterons que les biefs n'ont pas, soit en largeur, soit en profondeur, les dimensions nécessaires. Leur largeur est sur certains points réduite à *quatre mètres :* c'est moins que le quart de l'ouverture des ponts sous lesquels passe le Né. Leur profondeur primitive à vieux fond ou l'encaissement dans les berges est de 1^m20 ; mais, par suite d'un mauvais état d'entretien, elle n'atteint pas 0^m80 sur de longs parcours, et c'est ainsi qu'est souvent rétréci le principal canal du Né.

Comme mesure préparatoire et pour donner, autant qu'elle le pouvait, satisfaction aux nombreux intérêts en souffrance, l'administration départementale a fait exécuter la réglementation des moulins par l'établissement de déversoirs et d'empellements. Les prairies ont peu gagné à l'application de cette règle provisoire, car l'encombrement des rivières ou biefs et leurs niveaux relatifs ne permettent pas un abaissement suffisant du plan des eaux : les inondations se produisent encore trop facilement, bien que leur durée soit moindre. Quant aux moulins, ils en ont pour la plupart éprouvé un sérieux préjudice : tous ont perdu de leur force motrice ; quelques-uns fonctionnent difficilement ; il en est qui n'ont plus que la moitié de la valeur qui leur était donnée avant la réglementation.

Les terrains de la vallée sont de très bonne qualité ; les ayant analysés, nous les avons trouvés composés de terre franche mélangée de tuf ou débris de roche crayeuse, et présentant une épaisse couche végétale, ce qui nous assure de leur perméabilité et de leur fécondité possible. Cette terre est, du reste, semblable à celle des coteaux riverains, d'où elle a été entraînée par les eaux ou transportée par les cultivateurs pour l'amendement des prairies. Elle est d'une puissance de végétation qui serait une source de richesse s'il n'y avait aucun obstacle à son développement. Quelques renseignements émanant de riverains compétents, et corroborés par des indices révélateurs, nous ont permis de constater la présence de gisements tourbeux peu étendus dans les marais précédant Sussac et la Sauzade. Mais dans tous les cas la tourbe n'y peut être un élément nuisible, car elle y est recouverte d'une couche végétale assez épaisse pour n'être point traversée par le creusement de canaux neufs ; c'est à peine si elle apparaît sur quelques-uns des points les plus profonds des

Vieilles-Mers. On sait d'ailleurs qu'il n'y a d'inconvénient à dessécher les terrains tourbeux que si, durant des saisons entières, ils doivent être exposés à l'air et au soleil à quarante centimètres et plus en contre-haut de l'eau. Or, nous le déclarons d'avance, il ne pourrait en être ainsi dans la circonstance, ce qui nous porte à dire que nous ne devons pas nous préoccuper davantage de la présence de gisements tourbeux trop profondément enfouis.

Ce n'est donc point à la pauvreté du sol qu'il faut attribuer son infériorité de production, encore moins son état marécageux, mais à la permanente humidité, qui de tout terrain peut faire un marécage.

Nous ne perdrons pas de vue que l'eau naturelle est indispensable aux prairies; mais son excès est nuisible. Rarement à l'état de nature, c'est-à-dire sans l'aide de la main de l'homme, elle est répartie dans de bonnes proportions. Le mieux est de pouvoir limiter ces proportions; l'expérience et les principes nous apprennent qu'avec cette limite on est dans le progrès complet.

Voici des considérations physiques qui ont trait à notre situation. Nous les trouvons dans l'Annuaire des eaux de la France, et la géologie de la Charente, ouvrage à peine terminé, dû au talent de M. Coquand, les développe avec une incontestable autorité :

« L'eau, par sa seule présence, en excès ou stagnante dans le sol, constitue un obstacle grave au développement des plantes cultivées; celles-ci, en effet, différentes en cela des végétaux aquatiques, exigent pour leurs racines un terrain aéré, plus ou moins humide sans doute, mais toujours accessible au gaz, notamment à l'air et aux vapeurs.

« On comprendra que l'excès d'eau, remplissant les interstices du sol, expulse la plus grande partie des gaz et vapeurs et change les conditions normales de l'existence des végétaux cultivés; sous cette influence plus ou moins prolongée, les tissus des radicelles se désagrégent, leurs cellules se séparent au moment de leur formation, les racines elles-mêmes se détériorent en éprouvant les effets d'une décomposition spontanée, d'une putréfaction plus ou moins active.

« D'ailleurs, les fermentations des différentes matières organiques, dans un sol immergé, font disparaître une grande partie de l'oxygène libre, qui s'engage en diverses combinaisons ; des produits sulfurés s'engendrent avec divers composés acides ou putrides ; le terrain imprégné de pareilles eaux devient encore plus défavorable à la végétation et produit des miasmes insalubres. »

Des causes semblables et des résultats analogues se produisent dans la vallée du Né. Nous l'avons déjà dit pour la production du sol. Quant à l'insalubrité, on n'en est pas à l'abri ; elle est causée par la longue stagnation des eaux à la surface des terrains. Quoique la vallée du Né ne soit pas un véritable marais, il s'en dégage à certaines époques, particulièrement à la suite de l'écoulement des inondations des trois premières saisons, des émanations nuisibles à la santé publique. Aussi les médecins s'accordent-ils à dire que les habitants riverains du Né sont sujets aux fièvres paludéennes et au cortége des maladies qui en dérivent. Les maladies endémiques qui frappent la contrée se révèlent d'abord sur les rives du Né, où elles sont plus intenses et de plus longue durée qu'ailleurs ; leur persistance les aggrave et les complique malgré les secours de la science médicale, et il n'est pas sans exemple qu'elles se soient changées en épidémies. Ainsi, l'on a vu le choléra sévir seulement sur les bords du Né, qu'il parcourait en y faisant des victimes, alors que les habitants du haut des collines et des communes circonvoisines n'en étaient nullement atteints. Là encore, évidemment, se révélait l'effet pernicieux du marécage, qui servait de conducteur au fléau.

A ce point de vue hygiénique et humanitaire, l'assainissement projeté est d'une grande nécessité.

Nous avons décrit la mauvaise canalisation du Né, la manière dont l'eau est échelonnée ou étagée par les retenues des moulins ; nous avons emprunté à la science des principes dont nous avons à tenir compte ; enfin nous avons signalé les effets résultant du séjour des eaux en excès; par suite, nous pouvons apprécier le vrai de la situation.

Nous devons dire que tout travail qui ne consisterait qu'à approfondir tant les biefs des moulins que les *Vieilles-Mers* ou autres dérivations, sans changer les niveaux des retenues ou barrages, serait sans efficacité et ne remplirait pas le but. Le seul canal des moulins, sur lequel on puisse compter pour l'écoulement des eaux, manque tout à la fois des dimensions nécessaires et d'une pente suffisante; l'améliorer serait un demi-moyen sans résultat, car les déversoirs et autres voies de décharge, bien que réglementairement construits, ne peuvent écouler qu'une minime portion des crues, ainsi que nous l'établirons plus loin; l'excédant des eaux ne peut donc que s'extravaser et inonder les prairies. C'est en réalité ce qui a lieu, et l'expérience l'atteste.

La destruction des moulins serait-elle un meilleur moyen d'obtenir le desséchement et de le rendre profitable? Nous ne le croyons pas, par plusieurs raisons.

D'abord la destruction des moulins deviendrait très coûteuse. On en peut juger en considérant que leur valeur moyenne est portée de 12,000 à 15,000 fr., ce qui porte leur valeur générale à près de 250,000 fr.

En second lieu, il est hors de doute que si l'on se bornait à supprimer les moulins et leurs retenues, sans curer et rectifier les principaux cours d'eau, l'inondation serait le plus souvent inévitable : se formant à l'époque de la végétation active, elle viendrait toujours produire ses désastreux effets sur les récoltes accrues. Ce ne serait pas remédier suffisamment au mal. Nous admettons bien que si l'on complétait la destruction des moulins par l'approfondissement des biefs, l'assainissement serait assuré, sans cependant que les plus ordinaires inondations fussent empêchées. Mais l'emploi de ces deux moyens réunis coûterait autant ou à peu près qu'un autre qui peut produire le résultat cherché, tout en respectant les moulins comme les prairies, c'est-à-dire les droits acquis et respectables.

En troisième lieu, il nous paraîtrait fort regrettable pour le pays de détruire les moulins du Né. Ils sont encore nécessaires ; les supprimer serait une mesure intempestive, et quoiqu'ils soient d'une installation primitive et des usines incomplètes, ils ne possèdent pas moins des forces motrices dont on peut, dans l'avenir, tirer un excellent parti.

Ni le meilleur entretien de la rivière ou de ses dérivations, ni la suppression des moulins ne peuvent donc, d'une manière suffisante, assurer le desséchement et s'opposer aux inondations. Ce système étant impraticable, il faut alors chercher ailleurs les moyens de réussite.

Ce fait admis, il est évident que nos vues doivent tendre à modifier, par une combinaison nouvelle, la distribution actuelle des eaux, de façon à opérer le desséchement réel de la zone marécageuse.

La pente sensible de la vallée, la relation des usines entre elles et la perméabilité du sol démontrent qu'il est facile de dessécher et d'assainir ce sol, *même à l'excès,* sauf à en tempérer l'effet ultérieurement par des procédés faciles.

Nous allons développer notre système, à l'emploi duquel nous subordonnons un succès complet.

DESSÉCHEMENT.

TRAVAUX PROJETÉS.

1° Partie marécageuse. de Saint-Fort à la Sauzadé.

Comme système général, création de trois canaux distincts, sans communication entre eux, autant que possible. Ce mode de séparation des eaux serait interrompu sous le pont de Saint-Fort, qui n'offre qu'une ouverture où nous sommes forcé de rassembler les canaux, et ne serait repris qu'en aval du moulin du Ménis. (Voir le plan parcellaire.)

En amont du pont de Saint-Fort, les biefs ne seraient déplacés que pour les deux utiles redressements figurés en amont et en aval du moulin de Saint-Pierre, ce qui ne changerait rien au régime des eaux.

Après le Ménis, un premier canal, parcourant la rive droite au pied du coteau, alimenterait tous les moulins de cette rive, c'est-à-dire Angles, le Chiron, le Couraud, Mauriac et la Sauzade.

Un deuxième canal semblable, suivant la rive gauche, alimenterait les moulins de cette autre rive, savoir : Beaulieu, dont il emprunterait le bief actuel, La Roche, Guélin, Bantard, moulin Moreau, moulin Neuf, Sussac et, par continuation, les deux derniers, le moulin Foucaud et le moulin Vieux.

Ces deux canaux, bordant presque les collines, laisseraient entre eux la surface des prairies, qu'ils domineraient de leur niveau. Celui de la rive droite, notamment, fournirait de l'eau vive aux nombreux villages situés sur le penchant du coteau, et qui, pour la plupart, ne reçoivent que des eaux impures, amenées par des fossés indirects et vaseux. En même temps il recueillerait des eaux de sources, qui, manquant d'écoulement, sont croupissantes, peu salubres et sans emploi.

Enfin un troisième canal, creusé intermédiairement dans le thalweg de la vallée, servirait à écouler les eaux des inondations quand elles seraient en excès ou nuisibles, et à dégager les prairies des eaux des sources pérennes ou intermittentes très nombreuses qui y naissent, et des infiltrations qui pourraient provenir des canaux des deux rives lorsque ces biefs seraient chargés d'eau.

Ce troisième canal est nécessaire à tous égards ; il remplirait avec succès le rôle vainement attribué à la *Vieille-Mer ;* il collectionnerait, dans le trajet le plus court, les eaux inutiles ailleurs. Nous considérons même que s'il n'était pas créé dès le principe, il serait formé par la force des choses, par les eaux pluviales, celles des sources et celles échappées par infiltration aux biefs ; ces eaux, tout naturellement, se réuniraient aux points les plus bas des prairies, où elles se creuseraient, seules, un lit particulier. Nous concluons donc à l'établissement de ce troisième canal, qui est d'une indispensable nécessité, et auquel, au surplus, nous réservons une destination qui ajoutera encore à son utilité première. Nous le considérerons d'abord comme notre grand émissaire, et plus tard comme colateur ou artère principale d'irrigation.

Faisons momentanément abstraction de la partie amont de Saint-Fort, où nous ne pouvons qu'améliorer la triple canalisation déjà faite, sans changer très sensiblement le régime des eaux, et transportons-nous au-dessous du Ménis, où notre modification commence, nous verrons, à l'aperçu du plan parcellaire, que nos trois canaux se séparent presque au même point, à peu de distance du Ménis; en aval de Sussac et de la Sauzade, ils se rapprochent, se confondent même, mais se séparent de nouveau en quittant la zone marécageuse, après laquelle ils reprennent leurs trois lignes séparées dès qu'ils ne sont plus soumis à l'usage des moulins.

Les deux canaux, rive droite et rive gauche (biefs spéciaux des moulins), auraient à leur origine des ouvertures égales ou des orifices équivalents, pouvant écouler simultanément des quantités d'eau égales.

Le bief rive droite, dirigé sur le moulin d'Angles, ayant une déclivité plus forte que celui de la rive gauche, destinée à Beaulieu, aurait naturellement une tendance à absorber la majeure partie de l'eau. Pour obvier à cet inconvénient et assurer un égal partage, ce bief rive droite serait muni à son entrée d'empellements mobiles régulateurs, qui, ouvrant et fermant à la volonté d'un préposé spécial (un garde-rivière, par exemple), permettraient de partager l'eau de la rivière également entre les deux biefs. On s'assurerait facilement d'un égal partage de l'eau en jaugeant les biefs, dont les sections et les pentes seraient régulières sur de grandes longueurs. Ces jaugeages, faits pour les divers niveaux des eaux, détermineraient la graduation dans l'ouverture des vannes. Au besoin, ces empellements serviraient à diriger les eaux alternativement sur chacune des lignes des moulins.

Les empellements projetés figurent au rang des travaux d'art sous le type n° 2.

Le canal de desséchement ou grand émissaire occuperait pour ainsi dire le milieu des deux autres. Il serait creusé en contre-bas de ces derniers avec toute la pente possible, serait réglé à sa tête par un barrage-déversoir mobile, dont le couronnement serait établi à un niveau convenable par rapport aux prairies voisines, et, dans ses fonctions ordinaires, ne recevrait d'eau à ce point que celle qui serait inutile aux moulins et qui s'épancherait par le déversoir. Ce barrage-déversoir, étant mobile (voir le type n° 3), s'ouvrirait à volonté, de façon à laisser libre l'entrée du grand émissaire ; son usage serait réservé pour les cas où l'inondation menacerait de submerger mal à propos les prairies ; alors il serait ouvert de manière à écouler l'eau *en excès* par le grand émissaire, tout en réservant aux biefs l'approvisionnement nécessaire.

Les trois canaux se présenteraient ainsi de front pour recevoir la masse totale des eaux de la rivière et les empêcher, au besoin, d'inonder les prairies.

En temps ordinaire, lorsque l'abondance des eaux serait suffisante pour faire fonctionner les deux lignes des moulins, les empellements régulateurs de la rive droite seraient ouverts de façon à opérer le partage des eaux entre les deux lignes ; et les usines, se transmettant successivement l'eau qu'elles recevraient ainsi, pourraient fonctionner toutes ensemble.

Quand l'eau serait basse ou qu'elle ne suffirait pas à la marche des deux lignes de moulins, on procéderait comme suit :

Pour conduire toute l'eau à la rive gauche, le vannage régulateur serait fermé sur la rive droite.

Pour la réserver tout entière à la rive droite, il suffirait de lever le vannage régulateur précité ; seulement, pour éviter tout mécompte, les vannes motrices, comme celles de décharge du moulin de Beaulieu, seraient fermées en même temps.

Ces manœuvres, exécutées alternativement pendant des temps égaux, commanderaient la marche ou le chômage de chacune des lignes des moulins.

Il sera toujours facile de fixer la durée de ces alternatives, auxquelles on ne serait susceptible de recourir qu'aux derniers

2

jours de l'été, et encore devons-nous dire que le manque d'eau, ne se faisant pas sentir tous les ans, n'obligerait que rarement au chômage momentané.

Par ces moyens, tous les moulins seraient également partagés; l'eau engagée dans un bief y serait acquise sans partage pour tous les moulins faisant suite. Chacun d'eux transmettrait forcément toute son eau au moulin inférieur, les biefs avec leurs canaux de décharge n'ayant de communication avec aucun autre cours d'eau, ce qui assurerait l'économie de l'agent moteur.

De tous les moulins de la zone marécageuse, celui du Ménis conserverait, seul, son privilége de disposer de toute l'eau. Nous ne voyons pas qu'il y ait d'inconvénient à le maintenir ainsi, pourvu que nous ajoutions à son bief supérieur des voies de décharge suffisantes pour appeler dans la *Vieille-Mer* la sura-bondance des eaux, que les ouvrages réglementaires du moulin ne sauraient débiter. Ces nouveaux moyens de décharge sont prévus; ils figurent sous le type n° 3 des travaux d'art. Nous les établirons sur la berge rive gauche du bief, vis-à-vis de l'embouchure du canal rive droite de Saint-Fort, sur un point où ils auront leur dégagement dans la *Vieille-Mer* par des canaux déjà créés, ayant ensemble une section suffisante.

D'après ce projet, les canaux des moulins emprunteraient autant que possible les biefs actuels. Les brusques contours seraient redressés; l'approfondissement serait fait en pente à peu près uniforme entre chaque moulin; les berges seraient exhaussées et ne laisseraient plus perdre aucune partie de l'eau; les vannes de décharge et les déversoirs établis continueraient à débiter l'eau *en excès* comme dans l'état actuel, *mais seulement dans la proportion de leur capacité.*

Le canal intermédiaire (le grand émissaire) serait ouvert libre dans tout son cours. Il emprunterait, autant qu'un bon tracé le permettrait, le lit de la *Vieille-Mer* ou d'autres canaux parcourant longitudinalement la vallée.

A l'aperçu du plan on remarque que ces canaux, indiqués par leurs rectifications en rouge, sont sur certains points très largement distancés et que sur d'autres ils se rapprochent d'une manière sensible, sans toutefois se confondre. Nous préférerions pouvoir les écarter moins inégalement, mais comme nous cherchons à utiliser des cours d'eau déjà créés et que nous voulons éviter de morceler inutilement des prairies, le tout dans un but d'économie, nous ne craignons pas de nous tenir loin du parallélisme, d'autant mieux que dans nos terrains perméables le desséchement n'en sera pas moins certain. De sorte que si notre tracé n'a pas l'aspect d'une canalisation symétrique, il n'en a pas moins le mérite.

Au moyen des trois canaux dont nous venons d'indiquer le tracé et dont plus loin nous ferons connaître les dimensions, nous sommes convaincu de pouvoir faire écouler *sans débordement* les eaux des crues : à plus forte raison sommes-nous sûr d'arriver à obtenir en temps ordinaire le desséchement projeté.

Il se trouve pourtant trois sections de prairies des plus marécageuses, que la canalisation ne favoriserait pas. Ce sont celles de la rive gauche des biefs de Beaulieu, de la Roche et du moulin Foucaud. Ces trois zones partielles, en effet, demeurent jusqu'ici en dehors de l'assainissement, situées qu'elles sont entre les biefs exhaussés et les coteaux qui les limitent : l'eau qui leur nuit n'a pas encore reçu de voie d'écoulement. Nous comptons faire disparaître cette lacune en construisant à la partie d'aval de chacune de ces zones particulières, sur la ligne de fossés anciens, convenablement placés à cet égard, des aqueducs souterrains qui seraient établis en dessous des biefs, sans communication avec ces derniers. Ces aqueducs dégageraient l'eau nuisible aux terrains humides en la faisant circuler en dessous et au travers des biefs pour la rendre aux canaux inférieurs, ce qui, dans chaque section, abaisserait le plan d'eau de la hauteur de chute d'un moulin et opérerait l'égouttement nécessaire du sol. A Beaulieu et au moulin Foucaud, les aqueducs se dégageraient dans l'émissaire principal; à la Roche, l'eau serait amenée dans le canal de décharge du moulin.

Voilà donc le desséchement de la zone marécageuse assuré au moyen de notre projet.

Et cependant nous conservons les dix-huit moulins, nous bornant à ne faire à neuf que quelques tronçons de canaux pour lesquels l'acquisition de prairies devient nécessaire.

Ce premier résultat favorable acquis à l'intérêt agricole, revenons un peu sur nos pas pour examiner la part que nous laisserions à l'intérêt industriel, c'est-à-dire aux usines.

Sur les dix-huit moulins de la vallée, neuf sont établis sur deux lignes de biefs, selon le système que nous nous proposons de généraliser en l'améliorant : ce sont ceux de Saint-Pierre, Bergeon, Pas-de-Cierzac, le Chiron, Bantard, le Couraud, moulin Moreau, moulin Neuf et Mauriac. Rien ne serait changé au régime des eaux de ces usines, mais au moins les biefs seraient rectifiés dans leurs directions et régularisés dans leurs sections ; l'eau y serait introduite avec régularité et mesure, sans aucun excès. Tout cela constituerait une amélioration sérieuse et une plus-value certaine.

Les neuf autres moulins réunissent en un même bief toute la rivière et ses dérivations, et par conséquent disposent de toute l'eau, ou, pour mieux dire, ils ont le droit de pouvoir jouir d'autant d'eau que leur bief en peut écouler, sans partage avec aucune autre usine. Dans la pensée des usiniers cette condition spéciale équivaut à un privilége, assurant à leurs usines une grande faveur qu'ils résument en une valeur spéciale.

Sur ces neuf moulins, trois resteraient avec leur régime actuel ; leur situation particulière n'a rien d'absolument contraire à notre système : ce sont ceux du Ménis, dont nous avons déjà parlé, le moulin Foucaud et le moulin Vieux. Nous n'avons donc pas à nous en préoccuper.

Enfin les six derniers subiraient des modifications. Ils cesseraient d'accaparer toute l'eau. Ce sont ceux de Beaulieu, d'Angles, de la Roche, de Guélin, de Sussac et de la Sauzade.

Nous allons entrer dans quelques explications de détail à l'égard de ces six moulins, les seuls dont l'intérêt puisse faire question, pour faire apprécier le mérite réel de leur avantage et afin de mettre leurs propriétaires en garde contre des appréhensions exagérées, qui pourraient donner lieu à des plaintes, à une résistance ou à des prétentions en indemnité qui ne seraient pas fondées.

D'abord, s'il est vrai de dire que ces six moulins, mis en parallèle des autres, bénéficient de toute l'eau, cela n'est réel et ne peut être revendiqué comme un avantage que lorsque la rivière se maintient au-dessous de la moyenne de son niveau ou de son produit. Lorsque les biefs commencent à écouler l'eau à pleins bords, ces moulins perdent de leur avantage, parce qu'alors le débit ayant lieu tout à la fois par les coursiers, les vannes de décharge et les déversoirs, la majeure partie du volume de l'eau ne passant pas par les vannes motrices, mais par les voies de décharge, les biefs inférieurs en sont remplis, et, comme ils manquent d'un débouché suffisant, les coursiers sont presque engorgés, ce qui gêne considérablement le fonctionnement des roues. Si les crues augmentent et débordent sur les prairies, la pente du courant se régularise, les chutes sont nulles, les coursiers sont complétement engorgés, et les roues motrices étant empêchées de se mouvoir, les usines sont condamnées à un chômage de plusieurs jours.

Sans pouvoir dire au juste ce que ces ralentissements et ces suspensions de marche font perdre de temps aux moulins, nous sommes porté à croire que chaque année elles durent, en moyenne, près d'un mois.

Et, qu'on le remarque bien, ce préjudice est causé par la surabondance des eaux, que l'on a voulu contraindre à passer par le canal unique des moulins, surabondance qui peut arriver à dépasser de six à sept fois la capacité de débit des biefs. Dans ce cas, la faveur tourne contre ceux qui en sont l'objet.

Le fonctionnement de ces moulins est encore entravé par la présence de barrages fixes établis au travers des *Vieilles-Mers*, en aval de chacun d'eux. Ces barrages détournent l'eau de son cours naturel et direct, la forcent à s'élever dans les biefs pour atteindre le niveau des usines inférieures, et réduisent au strict nécessaire la chute dont les moulins supérieurs ont besoin pour agir dans des conditions normales. De manière que si l'eau d'aval s'élève plus haut que ces barrages (chose qui arrive fréquemment), c'est en réduction de la chute et par conséquent au détriment des moulins supérieurs dont il s'agit.

De sorte que si ces moulins ne subissent pas, comme les autres, le chômage dû à l'étiage, en compensation ils ont plus que ces derniers à redouter la fréquence des hautes eaux et ne sont pas exempts de chômages différents, mais également contraires.

Telles sont, d'après nos remarques faites depuis quelques années, les conditions particulières dans lesquelles sont placés les six moulins soi-disant privilégiés.

Il nous reste à expliquer le changement que devrait amener notre mode de canalisation et de partage des eaux à l'égard de ces mêmes moulins.

Nous rappelons que l'eau surabondante ne serait plus nuisible aux usines, car elle serait dirigée sur le grand émissaire. Il ne serait réservé aux biefs que le volume qu'ils pourraient débiter sans débordement. De cette manière, il serait prélevé sur la totalité d'une crue un maximum de 8 mètres cubes par seconde pour chaque bief: c'est la quantité qui doit être débitée d'après les règlements établis. D'un autre côté, les barrages seraient supprimés; l'eau serait de beaucoup abaissée dans les coursiers; elle trouverait, en changeant de direction à l'aval de chaque moulin, un écoulement plus facile et plus prompt, et la chute ou force motrice en serait de beaucoup augmentée.

Ce moyen aurait l'avantage de garantir les moulins contre le retour des ralentissements et chômages, et il constituerait une amélioration positive, efficace : nous pourrions dire une véritable plus-value.

La plus-value serait sensible pour les moulins de Beaulieu, d'Angles, de Guélin et de Sussac, parce que pour eux l'augmentation de chute serait considérable. On en peut juger en examinant les profils des biefs des deux rives. (Pièces nᵒˢ 6 et 7 du projet.) Chacun de ces moulins, considéré isolément, gagnerait autant que si, dans l'état actuel, on détruisait le moulin qui lui est immédiatement inférieur, en complétant cette destruction par l'approfondissement du sous-bief.

Le moulin de la Roche gagnerait peu de chute, rendant ses eaux à Guélin, comme il le fait déjà en été; seulement il ne serait pas entravé par l'excès d'eau, qui est son plus grand obstacle. Son canal de fuite ou sous-bief, élargi, redressé et approfondi, assurerait à son eau un dégagement aussi facile que son arrivée, et le roulement de l'usine serait plus facile que jamais.

Quant au moulin de la Sauzade, ses niveaux régulateurs, tant d'aval que d'amont, ne pouvant pas être modifiés, il y aurait pour lui maintien des choses établies, pour ce qui se rattache aux époques des eaux ordinaires.

Pour épuiser nos considérations sur ces moulins, il nous reste à dire comment et de quelle quantité d'eau ils pourraient être alimentés lors des basses eaux ou de l'étiage.

Nous nous sommes assuré, par plusieurs expériences faites en temps convenable sur divers points, à la suite des fortes sécheresses de 1858 et 1859, que le produit du Né ne descend pas au-dessous de 2 mètres cubes par seconde. C'est ce volume minimum que nous aurions à partager entre les deux biefs, soit pour chacun 1 mètre cube à la seconde.

D'un autre côté, nous voyons que les chutes sont en moyenne de 0^{m}75.

Or, avec 1 mètre cube d'eau par seconde, soit 1,000 kilogrammètres, et une chute de 0^{m}75, on dispose d'une force motrice brute de 10 chevaux-vapeur. Si de cette force nous défalquons, pour tenir lieu des non-valeurs, résistances des frottements, etc., les deux cinquièmes, ce qui nous semble être une assez forte concession, soit 4 chevaux-vapeur, il nous restera encore par bief et par usine une force effective ou productive de 6 chevaux-vapeur.

Sans avoir pu calculer la résistance des meuneries du Né, qui n'utilisent pendant l'été, le plus souvent, qu'une paire de meules, nous sommes persuadé que la force que nous venons de trouver disponible ne serait pas dépensée tout entière pour la vaincre, car, en général, trois chevaux bruts suffisent.

Ce résultat nous paraît satisfaisant, et il nous semble que

s'il est appliqué à nos biefs régularisés et augmentés de pente, il dispensera d'avoir recours aux chômages causés d'ordinaire par le manque d'eau. En supposant même que, contrairement à nos prévisions, les usines dussent subir ces chômages, qui, après tout, seraient de courte durée, nous aurions à dire qu'ils remplaceraient ceux qui étaient anciennement occasionnés par les grandes eaux, lesquels seraient désormais impossibles.

Nous nous résumons en disant que la marche dés usines prendra de la régularité; qu'au moyen de notre combinaison l'excès et le manque d'eau pourront être évités, ce qui empêchera les deux chômages différents. Partant, ne causant aucun dommage, mais procurant plutôt une amélioration générale, nous nous croyons dispensé d'attribuer aucune indemnité aux usiniers, et par suite nous ne prévoyons pas de leur part de résistance sérieuse.

2° *Grande zone d'aval.*

Passons maintenant à la zone d'aval, entre le bief du moulin Foucaud et la Charente. Nous y trouvons de meilleures prairies, parce que nul canal à eau forcée ne les traverse, comme dans la zone d'amont, et parce qu'enfin la triple canalisation y produit naturellement de son efficacité.

Nous avons dit que dans cette zone des cours d'eau sont encombrés, et que des surfaces de prairies souffrent de l'humidité.

Le travail à exécuter pour y assurer le libre écoulement de l'eau est de peu d'importance relativement et consiste :

1° A redresser les sinuosités trop prononcées du canal de la rive droite, passant au bourg de Gimeux et bordant la vallée jusqu'à la chaussée du Port-de-Jappe, près de l'Anglade.

2° A régulariser dans ses dimensions le canal séparatif des prairies de Gimeux et d'Ars, dans son parcours entre ces prairies.

Ces deux canaux seraient la suite du grand émissaire. Lors des crues, ils écouleraient les eaux en excès, qui, sans eux, pourraient submerger les récoltes des prés. A leur tête, au bief du moulin Foucaud, ils seraient munis d'un vannage et d'un déversoir pour débiter l'eau inutile au bief rive gauche, se continuant pour le moulin Foucaud et le moulin Vieux (Type n° 3 divisé.)

A l'aval des prairies, à la rencontre des Levades, vis-à-vis du bourg d'Ars, le canal n° 2 précité distribuerait ses eaux dans les nombreux fossés qui forment comme un labyrinthe de canalisation parmi les Levades.

3° A curer à vieux fond le sous-bief ou canal de fuite du moulin Vieux et les canaux en ligne droite faisant suite jusqu'à la Charente.

4° A curer à vieux bords et vieux fond le fossé de dessèchement de la rive gauche, entre le Port-de-Jappe et le pont de Merpins, près du village du Prunelas.

Ce dernier canal, qui est presque totalement comblé sur plusieurs points, ne saurait être supprimé. Il est utile pour faciliter l'écoulement des eaux des crues; il occupe le niveau le plus bas des prairies; plusieurs fontaines naissent dans son lit; il forme la clôture de la prairie; enfin son état d'encombrement est nuisible à cette même prairie, dans laquelle le jonc marécageux se propage à mesure que l'eau s'élève, par suite du défaut d'entretien du canal.

L'ensemble de ces cours d'eau (le bief du moulin Foucaud et du moulin Vieux compris) reproduit encore la triple canalisation établie en amont de Saint-Fort, que nous projetons de continuer dans la zone marécageuse, et qui d'après cela fonctionnerait régulièrement partout, jusqu'à la vallée de la Charente.

5° Enfin, pour compléter le travail de dessèchement, nous proposons d'exécuter le détournement du grand canal, à son débouché dans la Charente.

Les raisons qui nous portent à dévier de la belle ligne droite de ce canal, dont la création est moderne, sont celles-ci:

Le Né débouche dans la Charente dans une courbe concave du fleuve. Le courant de ce fleuve est porté dans la bouche du canal, dont il refoule l'eau. Cet effet se fait particulièrement sentir

pendant les crues et les inondations; il en résulte un gonfle-
ment de l'eau du Né, qui, heurtée par un courant plus rapide
et appuyée au coteau rive gauche en aval, s'écoule difficilement.
Les herbes et débris de toute nature entraînés à la surface du
canal sont arrêtés dans leur mouvement descendant et souvent
rejetés sur les prairies d'amont, dont ils salissent l'herbe de
leur dépôt. D'un autre côté, les vases s'accumulent au fond du
canal dans toute l'étendue du remou, et y forment des atterrissements beaucoup plus considérables que dans les autres canaux.
Ce fait explique pourquoi la partie d'aval du Né se comble si facilement et si vite.

A l'aide du détournement que nous indiquons sur le plan
général, ces inconvénients ne se produiraient plus. Le courant
du Né serait déversé dans la Charente dans le sens de la pente
du fleuve et parallèlement au fil de l'eau, ce qui établirait un
libre écoulement. Dans ce cas particulier, la ligne courbe est
préférable à la ligne droite.

TRACÉ DES CANAUX PROJETÉS.

Nous avons énuméré la nature des travaux à exécuter pour
opérer avec certitude le desséchement de la vallée du Né. Nous
allons maintenant entrer dans des considérations spéciales pour
donner à nos canaux des dimensions en rapport avec le volume
d'eau qu'ils seront appelés à écouler.

Les biefs actuels des moulins continueront leurs fonctions
dans le plus grand nombre des cas et sur la majeure partie de
leur tracé actuel. A part quelques rétrécissements qu'il importe
de corriger, leur largeur varie de 6 à 8 mètres; et il y a cela de remarquable que leurs bords sont à parois verticales. Pour mettre
en rapport les largeurs des parties neuves avec les anciennes,
nous fixons à 5 mètres la largeur du fond; avec des talus inclinés
à 45° et la profondeur moyenne existante de 1^m50 environ, la
largeur de l'ouverture sera de 7^m60. Quant à la pente, elle sera,
ainsi que nous l'avons déjà dit, presque uniforme dans chaque
intervalle de moulin.

Il nous reste à déterminer les dimensions du grand émissaire : c'est à lui que sont réservées les fonctions d'écouler toute l'eau en excès, même au moment des plus fortes crues, car ce qu'il importe d'empêcher, sous peine de faillir à notre mission, c'est que les eaux ne fassent invasion en temps inopportun sur les récoltes accrues. Ce canal doit donc avoir une largeur et une profondeur qui, combinées avec sa pente, nous garantissent que la quantité maximum de l'eau qu'il aura à écouler puisse toujours être contenue entre ses bords, sans dépasser ses berges.

Pour fixer ces dimensions d'une manière rationnelle, nous avons besoin de savoir quel est le volume d'eau que la rivière du Né écoule dans les plus fortes crues.

Or, nous avons été à même de nous renseigner sur ce point le 1ᵉʳ novembre 1859, au moment où l'inondation, une des plus fortes connues, était à sa plus grande hauteur. C'est cette inondation qui nous a servi à fixer sur les profils de notre nivellement général le niveau des grandes eaux.

Nous avons calculé le débit au moment où l'inondation était complète, et de préférence à notre point de départ à Saint-Fort, qui est le lieu où les eaux se rassemblent, et en même temps, à cause de la plus grande régularité de la rivière, le plus convenable pour l'expérience.

A ce moment l'eau s'élevait à la cote 8 40 de notre nivellement ; elle débouchait du pont et de l'aqueduc de la route départementale dans des canaux dont la section nous est donnée aussi exactement que possible par des profils que nous avions levés précédemment.

Pour jauger le débit, nous avons eu recours au système des flotteurs circulant à la surface de l'eau. Ce système, qui en pareil cas a été employé par plusieurs hydrauliciens, nous a paru offrir une approximation suffisante.

L'expérience, renouvelée plusieurs fois, s'est toujours reproduite dans les mêmes conditions, c'est-à-dire que la vitesse du courant était reconnue la même à chaque essai.

A l'aval du grand pont l'eau circulait avec une vitesse moyenne de 0ᵐ80 à la seconde. La section moyenne de ce cours principal est de 61 mètres carrés; par suite, l'eau écoulée dans l'espace d'une seconde cubait.............................. 48^{m}80

Sur la rive droite, une portion de l'eau se dégageait dans un canal à angle droit, situé au pied de la chaussée du pont; et l'expérience, appliquée à cette portion échappée à notre première opération, a fait reconnaître qu'elle était, par seconde, de.............................. 6 »

L'eau débouchant de l'aqueduc dans le canal rive droite avait, dans ce canal, sur une longueur de 210 mètres, une moyenne section de 9 mètres; la vitesse avec laquelle elle était entraînée était de cinq minutes pour cette longueur, soit 0^{m}70 à la seconde, ce qui, pour le produit particulier à ce canal, équivaut à..... 6 30

De ces constatations il résulte que le volume entier reçu à Saint-Fort était, au maximum et par seconde, de................... .... 61^{m}10

On nous objectera peut-être que dans les données de notre calcul du débit nous avons admis la vitesse maxima de surface, qui est d'un cinquième plus forte que la vitesse moyenne et réelle. Si de ce côté nous n'avons pas affaibli notre résultat, d'un autre nous avons négligé d'évaluer la quantité d'eau qui s'échappait des canaux et se répandait latéralement sur les prés en couches de près de 0^{m}40 d'épaisseur. Nous estimons que ce qui a amplifié le résultat dans le premier cas et ce qui l'a réduit dans le second se compense, et nous permet d'opérer avec toute l'approximation nécessaire sur le cube précité.

A ce volume de 61^{m}10, qui s'écoulait en submergeant complétement la vallée, venait encore se joindre le tribut des affluents, qui peut être évalué à 3 ou 4 mètres; un supplément impossible à déterminer, mais relativement faible, était encore produit par divers égouts tombant des coteaux et par les sources de la vallée. Il est évident, par suite, que la quantité d'eau jetée dans la Charente dépassait le total plus haut fixé de tout le contingent des affluents et des suppléments dont il vient d'être parlé.

Une seconde expérience faite à l'aval nous eût permis d'approximer ce contingent ; mais la crue ayant commencé à diminuer dès qu'elle a été formée, il ne nous a pas été possible d'opérer ce contrôle. D'ailleurs, la vérification n'eût pu se bien faire que dans les sections régulières des canaux de Merpins, qui éprouvaient l'influence variable de la crue de la Charente.

Au surplus, la majeure partie de ce supplément serait reçue dans nos biefs latéraux, où elle produirait peu d'effet ; elle intéresse donc fort peu le grand émissaire. Aussi, pour déterminer les sections de ce canal, ne portons-nous ici que pour mémoire ces eaux éparses, et ne calculons-nous que sur le cube de 61 mètres, qui, nous le répétons, est un maximum.

Nous avons donc à fournir des moyens d'écoulement libre à 61 mètres cubes par seconde.

Et d'abord, les moulins étant déjà pourvus d'ouvrages régulateurs, sachons quelle est la quantité d'eau que leurs biefs, ou plutôt leurs voies de décharge, peuvent écouler.

Si nous consultons à ce sujet les archives départementales, nous voyons que ces divers moulins ont été munis de vannages et de déversoirs capables d'écouler par unité de temps, c'est-à-dire par seconde, un volume de 6 à 8 mètres cubes, et ce dans l'hypothèse que les biefs coulent à pleins bords, mais sans débordement.

En alimentant les usines par deux lignes ou deux biefs, nous aurons l'avantage de doubler leur débit, qui serait alors porté à 12 ou 16 mètres, puisque les ouvrages réglementaires restant les mêmes, nous les ferions fonctionner doublement par une marche simultanée.

Les différents moulins, n'étant pas tous placés dans des conditions identiques, n'ont pas tous été réglés par un ensemble d'ouvrages semblables, ou, pour mieux dire, leurs voies de décharge, d'égale capacité, ne sont pas toutes situées dans leur voisinage immédiat. Il en résulte que par nos biefs détournés nous laissons de côté des débouchés régulateurs dont nous ne pourrons plus nous servir ; de sorte que nous rencontrons des moulins pourvus de toutes leurs voies de décharge, calculées pour un débit de

8 mètres cubes, et d'autres dont le débouché est réduit à 6 mètres.

Nous sommes donc dans la nécessité d'agrandir certaines voies de décharge réglementaires, afin d'uniformiser le débit et de mettre chaque moulin en état, comme d'abord, de livrer passage à 8 mètres cubes par seconde sur chaque bief. Nous expliquerons comment se feront ces agrandissements.

Nous fixons, par suite, à 16 mètres le volume que devront recevoir les biefs coulant à pleins bords, au temps des grandes crues.

Il nous reste, en conséquence, un volume maximum de 45 mètres, dont le débit doit être confié au grand émissaire de desséchement.

Le degré de résistance et de compacité du sol permet de le creuser en lui donnant des talus inclinés à 45°. La surface du terrain étant considérée comme horizontale sur de faibles largeurs, sa section sera un trapèze.

Il est démontré en principe et consacré par l'expérience que, pour qu'un canal à eau courante soit creusé dans de bonnes conditions, dans un sol végétal, il faut, entre autres règles, que sa profondeur soit, par rapport à sa largeur, dans la proportion de 0^m25 à 0^m55. Partant de ce principe, nous avons donné à notre grand émissaire, autant que possible, une profondeur proportionnée à sa largeur.

Il fonctionnera dans cinq conditions différentes :

1° En amont de Saint-Fort, il sera tracé en rectification de la *Vieille-Mer*, entre les deux biefs, et recevra l'eau à sa tête par un déversoir et un vannage. Le volume sera l'excédant des biefs, soit 45 mètres.

2° De Saint-Fort au vannage du Ménis, il collectionnera toute l'eau, moins cependant la portion détournée dans le canal rive droite. Nous estimons que son débit devra être de 57 mètres.

3° Du Ménis à Sussac il devra, comme avant Saint-Fort, écouler 45 mètres.

4° De Sussac au bief du moulin Foucaud, trajet dans lequel il se confondra avec le bief rive gauche, 45 mètres, plus 8 mètres du bief, plus enfin le produit des eaux affluentes, que nous approximons à 2 mètres, ce qui porte le total à 55 mètres.

5° Enfin, dans les prairies de Gimeux et Ars, il pourra aussi écouler 55 mètres, mais par deux lignes de canaux dont la rectification seule leur donnera le débouché suffisant.

Nous avons fixé à 2 mètres la profondeur de ce canal dans ses diverses parties ; cette profondeur serait celle en déblai dans le sol ; mais, comme elle ne suffit pas pour donner la section nécessaire, nous l'avons complétée en exhaussant les berges. L'exhaussement serait fait au moyen de digues ou banquettes. Ces digues auraient un relief de 0^m50, qui augmenterait d'autant la profondeur et la porterait à 2^m50 ; elles seraient formées d'une partie des déblais déposés en cavaliers sur les rives. Leur emploi nous offre un double avantage, d'abord il nous assure une grande économie, ensuite il nous permettra plus tard de faire élever les eaux du canal au-dessus du niveau des prés, sur lesquels elles pourront être déversées pour leur arrosement en temps convenable.

Pour lever le doute que l'on pourrait concevoir de l'utilité de ces digues, nous allons expliquer comment nous les établirons pour les rendre solides et efficaces. Le pied de leur talus intérieur commencera à 2 mètres de la crête du talus du canal creusé ; ce talus intérieur aura 1^m50 de longueur, ce qui, pour une hauteur de 0^m50, présentera une inclinaison qui facilitera la cohésion des terres ; leur couronnement, dressé horizontalement, aura une largeur de 1^m50 au moins, et leur talus extérieur sera semblable à celui intérieur : la largeur de leur base sera donc de 4^m50. L'emplacement qu'elles occuperont ne sera pas perdu pour l'agriculture ; elles recevront, en même temps que leur dressement, un semis de graines fourragères ; l'herbe qui les recouvrira peu de temps après les consolidera par ses racines, conservera leur forme et les empêchera d'être corrodées par les courants des grandes crues. Elles seront donc stables pour résister aux courants et productives pour les propriétaires dont elles occuperont le sol. Elles seront construites latéralement en cordons continus : elles contourneront les gués de manière à n'avoir aucune dépression et à contenir les grandes eaux partout en pente uniforme. Nous avons donc tout à espérer et rien à craindre de leur emploi économique.

Ainsi, la section nécessaire à notre grand émissaire sera composée de deux parties : une en creux dans le sol et une en relief donnée par les digues.

Nous n'avons plus qu'à déterminer les aires des sections qui conviennent à chaque partie du tracé.

Pour préciser ces sections nous avons fait usage des formules généralement adoptées par les ingénieurs hydrauliciens. MM. de Prony, d'Aubuisson de Voisins et Nadault de Buffon conseillent, dans leurs ouvrages respectifs, de recourir à leurs formules, dont les résultats sont à peu près les mêmes. Nous avons appliqué la formule abrégée, ci-après retracée, de M. d'Aubuisson de Voisins, qui nous a paru offrir une moyenne satisfaisante :

$$\sqrt{2736 \times \frac{PS}{c}} - 0{,}033 = v,$$

dans laquelle P désigne la pente du lit, S sa section, c le périmètre mouillé, 2736 et 0,033 des quantités en fonctions constantes, et v la vitesse moyenne du courant.

Les pentes ayant été fixées d'avance, il ne nous reste plus qu'à déterminer les vitesses moyennes des courants pour combiner les sections.

La pente du grand émissaire, comme celle du terrain, serait généralement de $0^{m}001$ par mètre. Cette pente, quoique sensible pour une eau courante, ne nous semble pourtant pas trop forte dans la circonstance, ni devoir faire craindre aucun désordre lors de l'écoulement des eaux. Les terrains de la vallée du Né se corrodent difficilement, et à cet égard nous pouvons citer des précédents : d'abord les plus anciens cours d'eau sont bordés d'arbres plus que séculaires, qui témoignent de leur fixité; ensuite les canaux neufs de Merpins, qui forment sur plus de 4 kilomètres le lit de la partie inférieure du Né, ont été, il y a plus de soixante ans, creusés en ligne droite, avec une pente très voisine de $0^{m}001$ par mètre. Depuis leur création ils n'ont rien perdu de la rectitude de leur tracé et de la forme de leurs sections ; ils ne sont pas corrodés ; ils ont, au contraire, l'avantage de peu s'encombrer, ce qui dispense des fréquents curages que nécessitent les rivières à faible pente.

En opérant les calculs nous obtenons :

1° Pour la partie amont de Saint-Fort, où la pente est de 0m001 par mètre, une vitesse moyenne de 1m90, ce qui, pour le volume de 45 mètres, nécessite une section de 23m73.

2° Pour la partie du pont de Saint-Fort au vannage du Ménis, d'après une pente de 0m001, une vitesse de 1m90. Le volume à écouler, précédemment fixé à 57 mètres, a besoin d'une section de 30 mètres.

3° Du Ménis à Sussac, avec une pente de 0m001 par mètre, une vitesse de 1m90, ce qui, pour le volume de 45 mètres, établit une section de 23m73.

4° De Sussac au bief du moulin Foucaud, par une pente de 0m001478, une vitesse de 2m38, et pour un volume de 55 mètres, une section de 23m10.

5° Enfin, les canaux des prairies de Gimeux et Ars ayant le débouché nécessaire si nous les rectifions, il n'y a pas lieu de faire à leurs sections irrégulières, mais suffisantes, l'application des formules de précision.

Toutes ces sections sont celles pour lesquelles ont été calculés les déblais de l'émissaire, ainsi que l'on peut s'en convaincre en examinant les profils en long et en travers. (Pièces nᵒˢ 9 et 10 du projet.)

Il nous reste maintenant à dire le travail qu'il convient de faire aux canaux des affluents.

Le ruisseau de Cierzac fournit peu d'eau, et comme il arrose des prairies élevées qui absorbent presque tout son produit, le Né n'en reçoit qu'une insignifiante partie pour laquelle nous ne croyons pas qu'il soit nécessaire d'exécuter de travaux spéciaux.

Il en est de même du fossé qui écoule les eaux pluviales sur la commune de Germignac, en aval de Beaulieu. Ce fossé traverse des terrains élevés et à forte pente, et n'occasionne aucun préjudice par ses débordements accidentels et fort rares. Nous n'y aurons donc aucune dépense à faire.

Le ruisseau de la Motte ou de la Renorville, qui descend d'Angeac-Champagne en faisant mouvoir le moulin de la Motte, est encombré sur la majeure partie de son cours inférieur figuré au plan; sur certains points ses sinuosités trop fortes nuisent au libre écoulement de l'eau et la forcent quelquefois, et mal à propos, à déborder sur les prairies. Par ces raisons, il convient de le curer à vifs bords et vieux fond, et d'opérer les redressements nécessaires indiqués en rouge sur le plan.

Ces travaux suffiront pour le libre écoulement de l'eau de cet affluent, et pour améliorer les prairies riveraines devenues marécageuses.

Le ruisseau de Saint-Martial n'a qu'une bien faible influence sur l'inondation. Il alimente le moulin Gribaud, en aval duquel il n'a, dans la vallée du Né, qu'un faible parcours. Son lit, d'ailleurs rapide et encaissé dans cette partie, ne nous semble mériter aucun travail particulier.

Enfin le ruisseau de Coulonges, dans la partie de son cours inférieur figuré au plan, est dans des conditions semblables à celles que nous avons indiquées pour le ruisseau de la Renorville. Nous y projetons donc un curage général à vifs bords et vieux fond, et sur quelques points des redressements de première nécessité.

RÉSUMÉ.

Nous croyons avoir démontré qu'au moyen des canaux dont nous projetons la création ou l'appropriation le desséchement de la vallée du Né sera certain et complet.

Nous avons dit précédemment qu'il pourrait être *excessif*; c'est ce que nous allons vérifier.

Évidemment, les trois canaux capables de contenir tout le produit de la rivière, même au moment des grandes crues, assécheraient en temps ordinaire au delà des limites nécessaires. Que se passerait-il, en effet, lorsque les deux biefs des moulins, voire même un seul de ces biefs, n'auraient pas trop de toute l'eau pour la marche des moulins? Certainement le canal de desséchement serait lui-même desséché; quelques filets d'eau, produit de sources pérennes ou d'infiltrations, pourraient seulement en mouiller le plafond; mais dans ces conditions les surfaces des prairies seraient des mois entiers, quelquefois au printemps, mais plutôt en été, à près de 2 mètres au-dessus du plan d'eau, et trop longtemps, par suite, dépourvues d'humidité. A l'excessive humidité succéderait l'excessive sécheresse, autre inconvénient grave; et comme ces deux excès sont nuisibles, nous devons prévenir l'effet de l'un et de l'autre.

Est-ce à dire que nous ayons, par nos trois canaux, ménagé à l'eau un cours trop facile? Mais nous avons prouvé qu'ils ne vont pas au delà de ce qui est nécessaire au dégagement des eaux nuisibles. Nous ne pouvons donc pas réduire les dimensions que nous leur avons assignées.

On devra nous accorder ceci : c'est qu'il n'est pas possible, pour la vallée du Né, dont la pente est prononcée, d'ouvrir des voies d'écoulement exactement suffisantes pour n'opérer le desséchement que juste dans ce qu'il a de bon. Très certainement, si le débouché suffit aux grandes quantités d'eau, ainsi qu'il doit le faire dans le sens d'un complet résultat, il sera trop considérable pour les temps ordinaires, et c'est en effet ce qui arrive ici.

Quoi qu'il en soit, il importe de ne pas dépasser le but que nous nous proposons d'atteindre; et puisqu'un desséchement excessif serait nuisible, nous devons l'éviter et aviser au moyen de le limiter à son effet utile, sans exagérer dans aucun sens. .

Dans cette occurrence nous avons pensé, et le Syndicat l'a pensé comme nous, que le cas est des plus favorables pour compléter le desséchement par une irrigation générale.

Ne voulant pas ici entrer dans les considérations qui militent en faveur d'une irrigation, considérations qui ne doivent pas être développées encore, puisque notre programme n'a trait qu'au desséchement, nous dirons cependant que l'irrigation, venant après le desséchement, serait le couronnement de l'œuvre. Ces deux projets se compléteraient l'un l'autre en se combinant et procureraient de magnifiques et fructueux résultats.

Nous déclarons que l'idée génératrice de notre projet est l'association de l'irrigation au desséchement réclamé. C'est dans ce sens que le syndicat attend nos propositions, et c'est aussi dans l'hypothèse de l'application des deux modes réunis que nous avons disposé nos ouvrages, de telle sorte que nos canaux de desséchement puissent servir aussi à l'arrosement.

Seulement, pour nous conformer au règlement organique du Syndicat, nous avons scindé le projet, afin de présenter d'abord nos propositions sur le desséchement.

Dans un rapport spécial et un projet *ad hoc*, nous traiterons incessamment la question de l'irrigation, afin que l'on puisse se pénétrer de l'ensemble de nos combinaisons.

Nous avons fait connaître le mode de canalisation que nous entendons pratiquer. Nous devons maintenant nous occuper des travaux accessoires, c'est-à-dire des travaux d'art, que l'ouverture des canaux va rendre nécessaires.

TRAVAUX D'ART.

Nous nous placerons au point de départ, en amont, et c'est en descendant la vallée que nous déterminerons successivement les positions où des travaux d'art doivent être établis. Il sera facile de se rendre compte de leur mode de construction en se reportant à la série des dessins. (Pièce no 12 du projet.)

Dans le trajet nous désignerons aussi les gués qui doivent être conservés, et pour cela modifiés, pour l'accès des prairies.

En se reportant au plan parcellaire, il sera facile de nous suivre dans cette désignation, qui sera faite par ordre.

No 1. — A notre point de départ, en amont du moulin de Saint-Pierre, où le bief dérivé de la rive gauche est détourné pour être réuni à celui de la rive droite passant Chez-Cognac, un déversoir par lequel sera détournée l'eau en excès dans les biefs; cette eau trouvera son dégagement dans le grand émissaire tracé en rectification de la *Vieille-Mer*, jusqu'au pont de

Saint-Fort. Ce déversoir projeté (type n° 11) figure parmi les dessins des travaux d'art ; il n'a reçu dans le détail estimatif qu'une évaluation approximative, attendu qu'il sera susceptible d'être modifié pour se combiner avec les ouvrages du desséchement du haut Né.

N° 2. — Sur le canal rive droite de Saint Fort, un pont aqueduc à deux ouvertures, de 2 mètres de débouché, semblable à celui de la route départementale qui le précède sur le même canal. Il occupera la place du gué actuel ; il sera nécessaire pour la desserte du grand pré des Portes, et plus tard, pourvu de vannes en fermant l'entrée, très nécessaire pour l'irrigation de cette prairie. Il est projeté sous le type n° 8.

N° 3 (type n° 3). — Un vannage ou barrage mobile à établir sur la rive gauche de la rivière, entre le pont de Saint-Fort et le moulin du Ménis, au droit du débouché du canal rive droite précité. L'eau en excès dans la rivière, inutile au moulin du Ménis et nuisible aux prairies, trouvera par ce vannage un écoulement facile dans la *Vieille-Mer*, qui la conduira au-dessous du Ménis aux trois canaux qui devront se la partager.

Cet ouvrage est rendu nécessaire par le manque de largeur du bief du Ménis. Le faible débouché de ce bief et des ouvrages du moulin ne répond pas aux dimensions de la rivière qui débouche tout entière du pont de Saint-Fort.

N° 4 (type n° 2). — Un vannage régulateur à l'origine du bief rive droite, en aval du Ménis. Ce vannage interceptera le bief à la place du barrage actuel et servira à la distribution ou au partage des eaux entre les moulins.

N° 5 (type n° 3). — Un vannage ou barrage mobile à construire à l'entrée du grand émissaire, en aval du Ménis, pour débiter l'eau en excès et prévenir les inondations nuisibles.

N° 6 (type n° 1). — Un aqueduc souterrain pour le desséchement du marais rive gauche du bief de Beaulieu. Sa position est naturellement trouvée à l'extrémité aval du grand fossé de desséchement de ce marais. Il conduirait les eaux d'égout des terrains par-dessous le bief de Beaulieu et les rendrait au grand émissaire, selon le tracé figuré en rouge sur le plan. L'aqueduc a un débouché de 0m65 sur 0m60. Cette ouverture est suffisante pour écouler le produit des égouts et infiltrations et assainir les prairies d'amont.

Nous avons cru utile de munir cet aqueduc d'une vanne qui le ferme hermétiquement à volonté, soit pour suspendre l'écoulement et mouiller le sol, soit pour empêcher les hautes eaux de l'émissaire de communiquer avec le fossé de desséchement et d'inonder les prés d'amont. Il aura donc une double destination, puisqu'il pourra servir aussi bien à dessécher qu'à arroser le sol en aval duquel il sera établi.

Nous nous servons de ce mode d'écoulement, dont les bons effets ne sont pas douteux. Nous l'avons déjà utilisé dans le desséchement des marais de l'Antenne, où il produit les meilleurs résultats.

Nº 7. — Un gué traversant le bief rive droite à rétablir pour la sortie de l'Ile-de-la-Pointe, en aval du Ménis.

Nº 8 — Un autre gué à rétablir au travers du même bief, pour l'accès des Grands-Prés du Ménis, débouchant sur la parcelle nº 153 du plan parcellaire.

Nº 9. — Un pont en pierre (type nº 6) d'une arche de 5 mètres d'ouverture sur le bief rive droite, pour le chemin du moulin de Beaulieu, avec pilotis de fondation.

Nº 10. — Un pont d'une arche de 3 mètres (type nº 7) sous le même chemin, près du moulin de Beaulieu, pour le canal de décharge.

Nº 11. — Un gué à rétablir pour traverser le bief rive gauche, au droit d'Angles, entre la prairie de la Grande-Rivière et celle des Épinettes (parcelle nº 40). Travail à neuf.

Nº 12. — Un gué correspondant au précédent à rétablir au travers du grand émissaire, vis-à-vis d'Angles, au bout de la prairie dite Rivière-de-l'Angle.

Nº 13. — Un gué à rétablir au travers du bief rive droite, dans les Prés-Menus (parcelle nº 443), vis-à-vis le village des Lamberts.

Nº 14. — Un gué à faire à neuf pour correspondre au précédent, au travers du grand émissaire, pour l'accès de la prairie rive gauche de ce canal.

N° 15. — Un aqueduc souterrain en dessous du bief de la Roche, à l'embouchure du fossé de dessèchement, un peu en amont du moulin, sur la parcelle n° 1673 (type n° 1). Cet aqueduc est semblable à celui désigné sous le n° 6.

N° 16. — Un gué à rétablir dans le bief rive droite, vis-à-vis du village des Moreaux, pour la praire dite d'Angles.

N° 17. — Un pont d'une arche de 5 mètres d'ouverture (type n° 5) sur le bief rive droite, pour la chaussée du moulin de la Roche, remplaçant un ponceau établi par le propriétaire du moulin.

N° 18. — Une seconde travée au pont en bois de la chaussée de la Roche, sur le grand émissaire (type n° 9).

N° 19. — Un gué à rétablir pour la traversée du bief rive gauche, entre la Roche et Guélin, pour la communication de la prairie.

N° 20. — Un autre gué à reformer pour la traversée du bief rive droite, à l'aval du village de Chez-Barat, pour la prairie de Chez-Barateau, sur la parcelle n° 923 du plan.

N° 21. — Un pont d'une arche de 5 mètres d'ouverture (type n° 5) sur le bief rive droite, pour la chaussée du moulin de Guélin.

N° 22. — Un gué à rétablir au moulin de Guélin, au travers du grand émissaire, pour la chaussée de ce moulin.

N° 23. — Un autre gué à reformer au travers du même canal, à l'aval des bâtiments de Guélin, pour la prairie de Martourille.

N° 24. — Un pont en maçonnerie (type n° 5) pour remplacer celui établi sur la rive droite, en amont du Maine-Neuf, pour la prairie de Martourille.

N° 25. — Une passerelle (type n° 9) à tablier en bois, de 5 mètres d'ouverture, à établir pour remplacer sur le bief rive droite la passerelle semblable, mais de dimensions insuffisantes, qui donne accès à l'île Dumas.

N° 26. — Une seconde travée de pont en bois sur le grand émissaire, pour l'île Dumas (type n° 9).

N° 27. — Un gué à rectifier au travers du bief rive gauche de Bantard, pour le chemin d'exploitation entre les grandes et les petites Tranchades.

N° 28. — Un autre gué à la suite sur le même bief, à l'aval du pré Berruchon.

N° 29. — Gué à reformer à l'aval du moulin de Bantard, pour la sortie de la prairie de la Commission.

N° 30. — Un autre gué à modifier dans son niveau, dans le même bief rive gauche, entre Bantard et Celles, pour l'accès des Levades de Celles.

N° 31. — Un pont d'une arche de 5 mètres d'ouverture (type n° 4) pour la chaussée de Celles, sur le bief rive droite.

N° 32. — Un autre pont de même genre sur le même bief rive droite, à Montifaut, pour la communication des prairies de la rive gauche, fondation par pilotis (type n° 6).

N° 33. — Rétablissement du gué des Mazureaux dans la traversée du bief rive gauche, pour l'accès de la prairie du moulin Neuf.

N° 34. — Raccordement du niveau du gué de Bournaise avec le fond du bief rive gauche, pour l'abord des prairies.

N° 35. — Travail semblable au gué du Maine-Gauthier, en aval du précédent.

N° 36. — Rectification semblable du gué de la Chamforte, traversant le bief rive gauche.

N° 37. — Abaissement d'un gué traversant le bief rive droite, en aval du moulin de Mauriac, pour l'abord de l'Ile-Basse.

N° 38. — Un gué à rétablir au travers du grand émissaire, en amont de Sussac, et communiquant au pont en bois franchissant le bief rive gauche.

N° 39. — Un autre gué établi en aval de Sussac, dans la *Vieille-Mer* (réunion future du bief rive gauche et du grand émissaire).

N° 40. — Un vannage déversoir mobile (type n° 5) à construire en deux parties, à l'ouverture des canaux de décharge descendant dans la prairie de Gimeux, pour la continuation du grand émissaire.

N° 41. — Un aqueduc souterrain au-dessous du bief rive gauche du moulin Foucaud, à l'aval du marais des Plations, pour dégager les eaux nuisibles de la rive gauche, dont une partie est fournie par des sources pérennes, en amont de Drouet (type n° 1), semblable à ceux désignés sous les n°ˢ 6 et 15.

N° 42. — Enfin six vannages simples et peu dispendieux à ajouter aux décharges des biefs, pour uniformiser le débit et le porter partout à 8 mètres cubes par seconde. Ces vannages, dont nous avons précédemment fait pressentir la nécessité, seraient à construire aux moulins de la Roche, Guélin, Bantard, moulin Moreau, moulin Neuf et la Sauzade. (Type n° 10.)

Tels sont les ouvrages divers dont nous croyons l'exécution nécessaire, en dehors de la canalisation. La plupart sont déjà créés; il ne s'agit que de les approprier en les modifiant légèrement, ce qui entraînera peu de dépense

Les autres sont imposés par la nécessité de conserver des communications qui seront dérangées et rendues impraticables par le creusement de biefs, plus profonds ou plus larges que les canaux qu'ils remplacent.

Tous ces travaux, dont l'utilité se rattache au desséchement, peuvent être récapitulés et classés ainsi qu'il suit :

1° Un déversoir simple, établi provisoirement.......... 1
2° Un pont aqueduc à deux ouvertures.................. 1
3° Trois grands vannages déversoirs pour le grand émissaire.. 3
4° Un vannage régulateur pour le bief rive droite..... 1
5° Ponts de 5 mètres d'ouverture { sur pilotis......... 2
et 4 mètres de voie,   { sur solide.......... 3
6° Pont de 5 mètres d'ouverture et 6 mètres de voie.. 1
7 Pont de 3 mètres d'ouverture, 4 mètres de voie.... 1
8° Secondes travées de ponts en bois.................. 2
9° Passerelle à tablier en bois........................ 1
10° Vannes supplémentaires de décharge pour les moulins.. 6
11° Gués à rétablir { à neuf..................... 2 } 22
                    { par raccordement......... 2 }

Nombre total de ces divers ouvrages.............. 44

DÉPENSES.

Passons maintenant à la récapitulation des dépenses auxquelles l'exécution de notre projet donnerait lieu.

Les travaux de terrassements et chaussées pour gués, dans lesquels figure un chiffre de 252,392^{m}60 de déblais ou dragages, sont évalués en total............................ 355,958 f 87 c.

Les travaux d'art sont estimés............... 68,861   13

Total général, d'après le détail estimatif.   402,820   »

En fixant cette évaluation, où les quantités et les prix élémentaires sont plutôt forts que faibles, nous avons entendu faire la part des éventualités, de manière que notre chiffre ne soit pas dépassé après l'exécution des travaux.

Lorsque nous nous sommes présenté en dernier lieu devant le Syndicat assemblé, et que nous lui avons soumis notre projet, ainsi que le constatent ses délibérations des 13 et 19 novembre 1859, nos études ne remontaient pas en amont du pont de Saint-Fort, et en cela nous avions agi selon nos premières instructions.

Le Syndicat ayant alors décidé de commencer les travaux plus haut, au point où la rivière entre dans la Charente-Inférieure, notre parcours se trouve augmenté de près de deux kilomètres, et les moulins du Pas, de Bergeon et de Saint-Pierre sont compris dans notre circonscription. Nous avons depuis ajouté la dépense que réclame cette partie; seulement le chiffre nouveau, coté approximativement, ainsi que l'établissent les avant-métrés et le détail estimatif, ajoute à notre évaluation première et l'élève au chiffre total de 402,820 fr.

Il est vrai qu'à mesure que la dépense est augmentée, l'étendue des terrains imposés s'accroît à peu près dans les mêmes proportions, et la contribution moyenne de l'hectare n'éprouve que peu de différence. La faible variante résulte particulièrement de ce que le Syndicat, après avoir primitivement compris dans la classification des terrains intéressés à son projet les prairies de la vallée de la Charente riveraines du Né, s'est dessaisi de ces prairies au profit du Syndicat du cours d'eau le Charenton, qui doit traverser ces prairies pour être, selon un tracé à l'étude, jeté dans le **Né.**

Nous rappelons que les travaux de notre projet comprennent l'ouverture d'un grand émissaire ou canal de desséchement capable d'écouler 45 mètres cubes d'eau par seconde, et pouvant ainsi, aidé des biefs, empêcher les plus fortes crues d'inonder les prairies. C'est l'ensemble de ces travaux complets, et suffisants pour toute éventualité, qui élève notre estimation à 402,820 fr.

Le syndicat a jugé à propos que notre grand émissaire fût réduit à des dimensions moindres, et suffisantes seulement à l'écoulement des crues ordinaires. Notre avis différent, appuyé par les considérations que nous avons précédemment développées et relaté dans la délibération du 13 novembre 1859, n'ayant pas prévalu, nous déférons, non sans réserves, à l'invitation du Syndicat, et nous allons évaluer les dépenses sur les bases qu'il nous a tracées.

Dans notre estimation complète, le grand émissaire, creusé avec la section toujours suffisante de 23^m73, figure pour un cube de 100,000 mètres environ, et une dépense approximative de 150,000 fr.

Si nous le réduisions à des dimensions proportionnées aux crues ordinaires, qui sont environ les deux tiers des plus fortes, celles-ci évaluées ci-devant au volume de 61 mètres, le chiffre maximum sera réduit à un produit de 41 mètres à la seconde. Alors, en nous restreignant à une section suffisante pour écouler 41 mètres, moins les 16 mètres des deux biefs, soit 25 au lieu de 45, le grand émissaire ne nécessitera pl s qu'un déblai de 60,000 mètres et une dépense de 90,000 fr., soit 60,000 fr. d'économie dans le déblai, et en résultat notre estimation générale de la dépense se réduira à 402,820 — 60,000 = 342,820 fr.,
ci.. 342,820 f.

Opérant sur ce dernier chiffre comme point de départ, il y a lieu, pour arriver à une évaluation exacte du projet, d'ajouter :

A reporter 342,820

Report.................. 542,820 f.

1° La valeur des terrains à acquérir pour l'utilité des tracés rectifiés. Ces terrains, dont nous avons calculé la contenance à 6 hectares, sont estimés pour valeur vénale et dépréciation des parcelles détachées, en moyenne 4,200 fr. l'hectare, soit pour les 6 hectares.................. 25,200

2° Les frais d'administration, tels que honoraires de l'ingénieur chargé de la rédaction du projet et de la direction des travaux, remises du receveur spécial du Syndicat, salaire des gardes-rivière, intérêt de sommes empruntées, etc., le tout indéterminé, mais évalué en bloc à.................. 60,000

3° Enfin une somme complémentaire à valoir pour menues dépenses imprévues et pour travaux spéciaux à l'irrigation, tels que barrages mobiles, petits vannages, etc.................. 21,980

En définitive, le chiffre de la dépense peut être arrêté à.................. 450,000

Cette somme répartie entre les 840 hectares de prairies intéressées établit une cotisation moyenne de 535 fr. par hectare. Nous ferons remarquer que cette répartition n'est qu'approximative, les rôles de contribution n'étant pas encore dressés, et la contenance totale n'étant donnée que d'une manière approximative, d'après les plans du cadastre.

Il importe enfin de savoir quels avantages on pourrait retirer en effectuant cette dépense.

Le résultat final a été élaboré de commun accord entre nous et le syndicat, et est consigné dans la délibération précitée du 15 novembre 1859, par rapport au chiffre de la dépense connue à cette époque.

En voici la reproduction, eu égard au total ci-devant fixé à 450,000 fr.

Les 540 hectares des terrains les plus marécageux de la zone d'amont produisent des fourrages dont la rareté dans le pays les fait estimer plus qu'ils ne valent réellement, et qui sont cotés par hectare en moyenne à 120 fr. l'un, soit pour les 540 hectares 64,800 fr.

Il n'est pas douteux que lorsque ces terrains marécageux auront été desséchés, assainis, puis arrosés en saison convenable, leur produit normal sera plus que doublé, ce qui procurera une augmentation de revenu au moins de..   64,800 f.

Les 300 hectares de prairies moins marécageuses, dans l'état actuel des choses, produisent en moyenne 180 fr. l'un, soit................... .... 54,000 f.

Par suite des travaux, ce produit atteindra évidemment le chiffre de 500 fr. par hectare, soit................... 90,000

Et sur cette seconde zone le revenu annuel sera augmenté de................................... 36,000

Par conséquent, on est fondé à compter sur un supplément de revenu annuel et minimum de....... 100,800

Or, pour se procurer un tel avantage il suffirait de dépenser un capital de 450,000 fr. environ, dont l'intérêt, calculé à 5 0/0, doit être retranché du chiffre ci-contre, pour le réduire à sa véritable valeur : cet intérêt est de................... 22,500

Et nous dirons, en empruntant les termes de la délibération du Syndicat, que de tout cela il résulte que l'exécution du projet offre, en compensation d'un capital de 450,000 fr. une fois dépensé, un nouveau revenu annuel de........................ 78,300

Il ressort évidemment de ces chiffres que le capital dépensé sera remboursé dans un délai de cinq à six ans, c'est-à-dire que l'intérêt payé par le surcroît des récoltes sera de près de 20 0/0 par an. C'est un magnifique résultat en agriculture.

Si d'un côté nous parvenons à accroître aussi sensiblement le revenu, d'un autre nous devrons faire progresser la valeur du sol. A cet égard, nous croyons faire une appréciation modérée en fixant à une moitié la plus-value vénale qui doit résulter de l'augmentation du revenu presque doublé.

La valeur des prairies plus ou moins marécageuses intéressées à l'exécution de notre projet est généralement cotée dans le pays à une moyenne de 5,600 fr. l'hectare, ce qui porte leur valeur d'ensemble à 3,024,000 fr. D'après ce que nous venons de dire, la plus-value de moitié peut être fixée à 1,500,000 fr.

Les propriétaires riverains trouveront encore une compensation à leurs dépenses dans l'emploi qu'ils devront faire des terres provenant du creusement des canaux. Ces terres formeront un cube de 170,000 mètres environ de matières de toutes sortes, propres à fertiliser le sol et à hâter sa transformation, en détruisant les mauvais herbages.

Au sujet de ces matières dont les propriétaires disposeront à leur gré, M. Nadault de Buffon, dans son cours d'hydraulique agricole qu'il vient de publier, et qui est d'un intérêt actuel, dit, page 116 du troisième volume :

« Qu'après qu'elles sont ressuyées elles deviennent un excellent amendement, » et il ajoute :

« On est dans l'usage de les laisser séjourner environ une année, en dépôt, à proximité des lieux d'extraction, afin qu'elles aient ainsi le temps de s'améliorer, de se *mûrir*, pour devenir aptes à cet emploi agricole, dans lequel elles représentent toujours une valeur au moins égale aux frais d'extraction et de transport. »

D'après cela nous serions autorisé à réduire le chiffre totale de notre projet de la valeur des 170,000 mètres aptes à former amendement, et nous arriverions à une estimation bien modérée. Mais nous renonçons à nous appliquer cette décharge, dont la valeur, quoique importante, est indéterminable avec précision, ce qui achève de nous décider à l'établir pour mémoire.

Nous avons eu à nous demander si la dépense que nécessiterait l'exécution de notre projet ne serait pas une trop lourde charge pour le pays, et si les propriétaires intéressés qui devront la payer n'en éprouveront pas une gêne de nature à provoquer de justes doléances. A cet égard, la réponse n'est pas douteuse : Les communes riveraines du Né dépendent de la Champagne de Cognac ; l'aisance, sinon la fortune, y est générale, et la perception du prix des travaux, qui sera probablement imputée sur trois années successives, ne saurait troubler le bien-être des contribuables. Nous sommes convaincu que les contributions des travaux seront versées avec toute l'exactitude désirable.

Nous avons déclaré faire des réserves, tout en cédant à l'invitation du Syndicat, en calculant la dépense sur les dimensions réduites du grand émissaire.

Selon nous, l'économie de 60,000 fr. environ qui nous est demandée est plus apparente que réelle, et sa réalisation ne manquerait pas, plus tard, d'être un sujet de mécompte et de déception. Nous répétons qu'avec nos sections entières nous pouvons contenir la plus grande quantité d'eau dans le lit des canaux, et, par ce moyen, protéger toutes les prairies, sans exception, contre les inondations nuisibles. Il n'en serait plus ainsi lorsque le canal de desséchement, creusé avec des dimensions moyennes, ne pourrait pas recevoir le volume entier. Il en laisserait déborder une notable portion qui inonderait la vallée. Les choses se passant ainsi à l'époque de la végétation active, l'irruption des eaux en peu de temps endommagerait, si elle ne les détruisait pas, les récoltes accrues. Dans ces circonstances, une seule inondation semblable à celle de novembre 1859, ou même un peu moins forte, causerait un préjudice bien supérieur au chiffre de l'économie que le syndicat se propose de réaliser.

Il ne faut pas perdre de vue que l'inondation commencée en amont serait générale, et qu'elle produirait ses ravages sur plus de 800 hectares de prairies. L'économie unique de 60,000 fr. conduirait donc à faire endommager ou détruire périodiquement des récoltes dont la valeur annuelle est appelée à dépasser 200,000 fr.

Nous croyons devoir entrer dans ces calculs rapides, afin que le Syndicat, protecteur des intérêts que nous sommes appelé à favoriser, n'ait pas à nous reprocher plus tard de l'avoir suivi dans une fausse voie.

Néanmoins , l'établissement de l'émissaire principal et la division des biefs étant admis en principe, ce qui importe le plus au succès de l'opération, nous ne devons pas prendre trop grand souci de l'avenir, car il sera toujours facultatif de faire après nous, et aux moindres frais, le complément du travail auquel le Syndicat entend se borner tout d'abord.

Pour clore notre rapport il nous reste à dire que si nous y avons laissé subsister quelque lacune, et que, par suite, les enquêtes auxquelles il sera soumis fassent surgir des objections sérieuses, nous nous réservons la faculté de nous en pénétrer, afin de les accueillir et d'aider à y faire droit, si elles sont faites judicieusement, par des personnes compétentes, ou de les combattre, pour les réduire à leur valeur réelle, si elles nous paraissent inspirées par un esprit de routine ou de mesquine économie, contraire à la réalisation du progrès agricole auquel la France entière est appelée à participer, par le vœu de l'Empereur

Cognac, le 25 février 1860.

Le projet que nous venons d'exposer fut approuvé sans réserves par le Syndicat du bas Né; il obtint également l'approbation de M. le sous-préfet de Cognac, et c'est sous ces auspices qu'il fut adressé à M. le préfet de la Charente.

Soumis au contrôle de MM. les ingénieurs des ponts et chaussées (contrôle qui, s'il était favorable, devait en assurer l'exécution prochaine), il en revint avec deux avis opposés, l'un approbatif, l'autre contraire.

M. l'ingénieur du service hydraulique admettait nos combinaisons; il déclarait notre système excellent et en conseillait l'adoption définitive, à de légères modifications près.

M. l'ingénieur en chef pensa le contraire; non pas précisément qu'il élevât des doutes sur la réussite que nous avions annoncée, mais il combattit le projet comme *grandiose et trop cher*. Il esquissa une autre disposition de nature, selon lui, à produire un effet suffisant, sinon complet, mais telle qu'on en pourrait retirer une économie de 200,000 à 250,000 fr., c'est-à-dire une réduction de moitié dans la dépense, sans préjudice appréciable pour la réussite.

Fortifié d'un nouvel avis conforme de M. Lemoyne, ingénieur du service hydraulique, mais battu en brèche par M. Lambert, ingénieur en chef, le projet fut retourné à la préfecture.

A ce nouveau degré d'instruction de l'affaire la critique de M. l'ingénieur en chef attira l'attention de M. le préfet, qui, avant de passer outre, renvoya le dossier, augmenté des rapports des ingénieurs de l'État, devant la commission syndicale, pour qu'elle eût à émettre un avis motivé.

Nous dirons plus loin ce qui résulta de cette communication. Mais d'abord il importe que nous mettions sous les yeux de nos lecteurs, avec les parties essentielles des mémoires de MM. les ingénieurs des ponts et chaussées, les considérations sur lesquelles nous nous sommes appuyé, soit pour admettre, soit pour réfuter leurs tendances.

DEUXIÈME PROJET

OBSERVATIONS SUR LE RAPPORT DE M. LEMOYNE

INGÉNIEUR DU SERVICE HYDRAULIQUE DE LA CHARENTE

M. l'ingénieur Lemoyne a examiné dans tous ses détails le projet que nous avons préparé.

La rivière du Né est très bien connue de M. l'ingénieur du service hydraulique de la Charente, car c'est par ses études et sur ses propositions que plusieurs des moulins de cette rivière ont été réglés. On peut donc croire que M. Lemoyne a dû apprécier le projet du Syndicat en ingénieur spécialement habile et compétent. Son avis éclairé nous semble devoir faire autorité pour le Syndicat, premier juge du choix des combinaisons diverses qui peuvent lui être proposées.

Nous allons, à notre tour, examiner le rapport de M. l'ingénieur du service hydraulique, et, à la suite de cet examen délicat, exposer au Syndicat, qui la requiert, notre manière de voir.

Nous ne suivrons pas M. Lemoyne dans toutes ses investigations et les nombreux détails de son rapport, dans lequel aucune particularité n'est omise, notre premier mémoire l'ayant précédé dans cette voie; il nous suffira d'abréger et de dire qu'il approuve dans son ensemble le projet du Syndicat. Il déclare que *le système en est bon, rationnel, et qu'il assure d'une manière certaine l'amélioration des prairies de la vallée.*

Cependant, ce projet lui semble mériter quelques modifications de détail, et il ne lui accorde son avis tout favorable que sous les réserves que nous allons successivement reproduire et discuter.

1° *Limitation du projet à la partie comprise entre Saint-Fort et la Charente.*

Bien que l'arrêté préfectoral, constitutif du Syndicat, fasse remonter l'étendue des terrains à dessécher jusqu'au point où la rivière du Né pénètre dans le département de la Charente-Inférieure, en amont de la commune de Cierzac, M. Lemoyne préférerait limiter le projet au pont de Saint-Fort, parce que, dit-il, ce pont est un point *naturel et obligé*, et qu'en outre le système d'amélioration de la vallée du haut Né devra encore consister dans la création d'un canal de desséchement indépendant des canaux des usines.

Sur ce premier point nous ne saurions partager l'avis de M. l'ingénieur Lemoyne, et nous croyons que le Syndicat a eu raison de remonter à l'avant-bief du moulin de Saint-Pierre pour y commencer ses travaux de desséchement; il n'a agi ainsi, d'ailleurs, qu'aux termes de son arrêté organique, qui lui en fait une obligation.

Quant à nous, nous ne voyons pas que le pont de Saint-Fort soit un point naturel qui oblige à y commencer les travaux. Ce pont n'est qu'un point topographique dans le plan de la vallée; il est sans influence sur le régime des eaux, et par cette raison il ne nous paraît pas devoir être considéré comme une démarcation *naturelle et obligée*.

L'avant-bief du moulin de Saint-Pierre est réellement cette limite *naturelle*, jusqu'à laquelle se fera sentir l'effet du desséchement, alors même que des travaux ne seront pas exécutés en amont du pont de Saint-Fort, et c'est ce qu'a compris le Syndicat. Si les travaux ne remontaient pas au-dessus de ce pont, il n'en serait pas moins vrai que la zone d'amont, jusqu'au bief de Saint-Pierre, serait en partie desséchée; et comme alors les trente hectares de cette zone ne seraient pas imposés, ils profiteraient des bienfaits de ces travaux sans contribuer à leur dépense, ce qui ne serait pas juste.

Nous sommes convaincu, d'un autre côté, que le canal de desséchement que nous projetons de tracer en amont du pont de Saint-Fort se prêtera toujours facilement à faire la continuation de celui qui pourrait être créé dans la partie haute de la rivière. Nous l'établissons là comme ailleurs dans le thalweg de la vallée, en place de la *Vieille-Mer*, de telle sorte que jusqu'à l'avant-bief de Saint-Pierre, dont il recevra le trop-plein, il asséchera le sol avec non moins de réussite que sur tout autre point de son tracé, et les prairies de ses rives, améliorées sûrement, contribueront équitablement à la dépense qui les favorisera.

Il résultera de tout cela, pour nous, que la rive gauche, ou l'aval du bief de Saint-Pierre, sera desséchée, ce qui produira l'amélioration exactement de toute la circonscription régie par le Syndicat, tandis que la rive droite, ou l'amont de ce bief, en dehors de cette circonscription, demeurera sans changement d'état jusqu'à ce qu'un autre projet s'exécute dans le haut Né.

En conséquence, nous ne saurions admettre la première réserve de M. Lemoyne; nous acceptons plutôt la décision du Syndicat, qui nous semble sur ce point devoir être maintenue.

2º *Établissement, dans le bief du moulin du Ménis, de voies de décharge capables d'écouler toutes les eaux des crues.*

Ces voies de décharge sont prévues dans notre projet; cette remarque a échappé à l'attention de M. Lemoyne. A la page 37 de notre premier rapport le barrage mobile nécessaire dans le bief du Ménis est désigné, et, de plus, il est l'un des trois évalués dans le détail estimatif.

3º *Suppression des digues longitudinales du grand canal de desséchement.*

Nous avons eu recours à l'emploi de ces digues, dans la prévision que le grand émissaire devrait avoir les dimensions nécessaires pour contenir toutes les crues. Dans ce cas leur emploi nous semblerait bon, et, de plus, il assurerait une grande économie. Mais si l'émissaire est réduit de section, et que, comme l'a voulu le Syndicat et comme nous avons dû l'admettre, il ne doive plus écouler toutes les eaux, nous sommes le premier à abandonner les digues. Il est vrai qu'au détail estimatif nous avons omis de retrancher la dépense qu'elles pourraient occasionner, mais il n'y a point là, précisément, d'inconvénient. Pour un grand émissaire majeur elles seraient incontestablement utiles et tout à la fois économiques ; mais pour un canal mineur, dont les eaux devraient déborder, elles deviendraient nuisibles. Pour ce dernier cas nous admettons volontiers, nous conseillons même, de les supprimer.

4° *Établissement de fossés et d'aqueducs sous les biefs des usines pour le desséchement des zones de prairies situées : 1° sur le côté droit du bief amont du Ménis ; 2° sur le côté droit du bief amont du moulin d'Angles ; 3° sur le côté gauche du bief amont du moulin de Bantard ; 4° sur le côté droit du bief amont du moulin de la Sauzade.*

De ces quatre aqueducs un seul peut être d'une utilité réelle : c'est celui amont du moulin du Ménis, qui pourrait rendre service à la partie d'aval des prés de Saint-Fort. Sans que nous le considérions comme travail indispensable, nous reconnaissons néanmoins que son établissement peut être utile. La dépense à laquelle ce nouvel aqueduc donnerait lieu serait couverte par la somme à valoir, ou plus que compensée par la suppression des digues.

Quant aux trois autres aqueducs désignés par M. Lemoyne, nous pensons qu'ils n'auraient qu'un mérite secondaire. Les terrains qu'ils auraient pour but d'égoutter sont attenants aux pieds des coteaux ; ils sont en lisières étroites, disposés avec une certaine pente vers les canaux et plus élevés que ceux de la rive opposée du bief qui les limite. Par ce motif nous nous croyons dispensé de les ajouter au projet.

5° *Évaluation dans le détail estimatif du prix de transport et d'emploi des matières provenant du creusement ou du curage des canaux.*

Par cette réserve M. l'ingénieur du service hydraulique semble insinuer que nous avons omis d'évaluer une notable portion
de la dépense à la charge du Syndicat. Les déblais qu'il serait
question de transporter et de répandre sur les prairies formeront
un volume considérable qui peut varier de 150,000 à 200,000
mètres cubes, selon qu'on adoptera tel ou tel système de canalisation; et il est clair que si le transport et l'emploi en devaient
être faits au compte du Syndicat, le montant du projet serait
considérablement augmenté. Heureusement, nous n'avons pas
fait cette omission, et à cet égard la réserve de M. Lemoyne est
le résultat d'une simple méprise et n'est pas fondée.

L'arrêté organique du Syndicat dit, article 16, notamment :
« *Les riverains seront tenus d'opérer l'enlèvement des déblais*
(vases ou matières diverses) *dès qu'ils auront acquis une consistance suffisante.* »

Cet enlèvement étant d'avance mis à la charge des riverains,
pour qui il ne manquera pas d'être d'un grand avantage (ce que
nous avons expliqué page 46 de notre premier rapport), ne donnera donc lieu à aucune dépense pour le Syndicat.

Par suite, nous croyons pouvoir passer outre à la cinquième
et dernière réserve de M. l'ingénieur du service hydraulique.

En se résumant, M. Lemoyne rappelle ce que le système de
desséchement projeté par le Syndicat a *de bon*, *de rationnel
et de certain* pour l'amélioration des prairies de la vallée du
Né.

Mais, ajoute-t-il, il est cher, *surtout si l'on ne fait pas attention à la plus-value espérée.*

Cette plus-value calculée entre le Syndicat et nous, et admise
comme modérée par les principaux propriétaires riverains, est
estimée précédemment. Elle consiste en un supplément de revenu
annuel de 100,000 fr., résultant du déboursement d'un capital
de 450,000 fr. à dépenser. M. Lemoyne ne contestant pas la
plus-value, c'est évidemment parce qu'elle ne lui paraît pas
exagérée, et c'est en effet l'avis qu'il en a exprimé devant nous.
Il est clair qu'il faut considérer la plus-value, mais que *si l'on
n'y fait pas attention* le projet paraîtra de tout son prix trop

cher; car, d'après ce raisonnement, la dépense n'offrant pas de compensation serait faite en pure perte.

M. l'ingénieur du service hydraulique voudra bien nous permettre de nous élever contre une pareille appréciation. Ici, comme en toutes choses, il faut établir une comparaison, balancer les profits et les pertes. Tout est relatif, et, pour nous, le prix du travail, quelque élevé qu'en soit le chiffre, ne doit être considéré qu'au point de vue des améliorations. Il est donc indispensable de comparer le montant des dépenses prévues au chiffre de plus-value que ces dépenses doivent procurer : nous n'admettons pas d'autre moyen de juger équitablement et sciemment la question.

Or, d'après ce principe, et de l'aveu même de nos contradicteurs, tout concourt à prouver l'avantage marqué du système approuvé par le Syndicat.

M. l'ingénieur Lemoyne s'est demandé s'il serait possible d'arriver aux mêmes résultats par tout autre système. Il ne le croit pas, et pense que *ni les curages, approfondissements ou rectifications des Vieilles-Mers, ni l'établissement d'aqueducs-syphons, ni l'élargissement exagéré des ouvrages de décharge des biefs des moulins, ne pourraient donner un desséchement suffisant ou empêcher les eaux de déborder à la moindre crue, et ne procureraient qu'une partie de l'amélioration que l'on a en vue.*

On arriverait *peut-être* mieux au but qu'on se propose, ajoute M. Lemoyne, en supprimant une partie des usines, parce qu'alors les retenues qui disparaîtraient rendraient possible le desséchement. Mais la suppression de ces usines n'entraînerait-elle pas à des indemnités assez fortes, et un système de desséchement conçu dans cette hypothèse ne donnerait-il pas lieu à un projet aussi élevé que celui du Syndicat ? L'affirmative paraît être la seule réponse que M. Lemoyne prépare à ses questions.

Passant à l'examen de la pétition opposée au projet du Syndicat par plusieurs habitants de communes riveraines du Né, M. l'ingénieur du service hydraulique la trouve peu sérieuse, car les réclamants ne lui semblent pas avoir compris le projet qu'ils combattent.

En définitive donc, le rapport de M. l'ingénieur spécial du service hydraulique est une forte approbation du projet du Syndicat. Quant à nous, qui sommes heureux de cette approbation, nous sommes d'avis d'admettre deux des réserves qu'elle contient :

1° Établissement d'un nouvel aqueduc souterrain en amont du moulin du Ménis, donnant lieu à un supplément de dépense de.... .... 2,800 f.

2° Suppression des digues latérales du grand émissaire, pourvu que cet émissaire ne doive écouler qu'une portion des eaux des crues, ce qui procurerait une économie de.. 7,252

Et en résultat le projet du Syndicat serait réduit de. 4,452

En dernier lieu, M. Lemoyne demande de faire subir au projet les enquêtes prescrites par l'article 32 des statuts du Syndicat, son avis définitif ne pouvant être donné qu'à la suite de l'accomplissement de ces formalités dans chacune des communes riveraines du bas Né.

Nous demandons, nous aussi, et au plus tôt, l'accomplissement des formalités d'enquête ; seulement il nous semble que si ces enquêtes ont lieu successivement dans chacune des onze communes riveraines, la durée en sera longue. S'il était possible de les ouvrir seulement aux chefs-lieux des arrondissements dont les communes dépendent, on gagnerait un temps précieux, et le résultat serait le même.

OBSERVATIONS

RAPPORT DE M. L'INGÉNIEUR EN CHEF LAMBERT

Si nous examinons à son tour le rapport de M. l'ingénieur en chef du département de la Charente, nous le trouvons sur certains points en opposition avec les principes admis par M. l'ingénieur du service hydraulique ; l'opinion suivante y est professée :

« Plutôt que d'approprier des canaux capables de contenir les « crues ordinaires ou extraordinaires, il devrait suffire, pour « obtenir ces résultats, de curer, d'approfondir, d'élargir et de « redresser les voies actuelles d'écoulement, moyennant quel- « ques autres précautions additionnelles. Cette manière de voir « est basée sur ce que les crues du printemps, les seules nuisi- « bles, sont rares et peu intenses, car les résultats donnés par « les registres de la navigation de la Charente, de 1854 à 1860, « indiquent qu'une seule crue est survenue pendant le mois de « mai, en 1855, et aucune en juin. Il devrait en avoir été ainsi « pour la vallée du Né.

« D'un autre côté, les constatations météorologiques du cli-

« mat girondin établissent que l'été et après lui le printemps
« sont les saisons les moins pluvieuses de l'année, et il faut en
« inférer qu'une crue n'est à craindre que tous les neuf ans. Il
« vaut mieux se résigner à subir cette inondation que d'opérer
« un surcroît de dépense relativement considérable.

« Qu'il est peu utile et presque impossible de rendre la vallée
« du Né insubmersible. Toutefois, si le problème était posé,
« l'impossibilité disparaîtrait, et alors il ne faudrait pas partager
« les appréhensions de M. l'ingénieur du service hydraulique à
« l'égard de l'endiguement du canal de desséchement. Les digues
« seraient bonnes pour compléter ce canal, attendu que par elles
« on obtiendrait l'encaissement des crues aussi sûrement, plus
« facilement et plus économiquement que par tout autre moyen »
Dans cette hypothèse, le système de digues et l'émissaire séparé
dans toute son étendue, selon le projet du Syndicat, auraient la
préférence de M. l'ingénieur en chef.

Cependant, il semble préférable à ce chef de service « de
« réduire le projet à des proportions telles, que les canaux, cou-
« lant à pleins bords, puissent suffire à débiter un volume de
« 28 à 32 mètres cubes à la seconde, c'est-à-dire le volume
« d'une simple crue; l'excédant pourrait inonder les prairies,
« mais ne serait point à craindre, car l'effet de la submersion est
« peu de chose quand les eaux inondées rentrent facilement dans
« leur lit, ce qui serait le cas pour les terrains humides de la
« vallée du Né, pour lesquels il y a peu d'intérêt à combattre
« les débordements. On devrait donc, comme il est dit plus haut,
« se contenter de donner à la canalisation une capacité de débit
« de 30 mètres cubes, sauf à s'exposer aux effets des inondations,
« dont il faut peu se préoccuper. »

Sur ces considérations de principe nous ne professons pas le
même désintéressement que M. l'ingénieur en chef Lambert
pour les récoltes fourragères de la vallée du Né, et nous regret-
tons de ne pouvoir partager son avis.

D'abord, s'il est vrai, en fait, que pendant la courte période
de cinq ans (de 1854 à 1860) une seule et faible inondation ait
été préjudiciable à la vallée de la Charente, il est vrai aussi, sans

qu'aucune écriture administrative le constate, que la vallée du Né a souffert de plusieurs inondations au moins moyennes dans la même période : le fait est notoire et gravé dans les souvenirs des propriétaires riverains qui en ont pâti. En général, les crues sont plus fréquentes, et plus intenses surtout, proportion gardée, dans la vallée du Né que dans celle de la Charente. Sans que nous puissions en expliquer le motif réel, nous supposons que la nature différente du sol du bassin du Né et de ses affluents, ou son étendue proportionnellement plus vaste que celle du bassin de la Charente, et puis enfin la multiplicité des moulins et de leurs barrages, peuvent produire ces différences, qu'il importe au moins de constater, si l'on n'en peut découvrir la cause véritable, et dont il faut ici tenir un peu compte.

En outre, peut-on bien assurer que la submersion des herbes fourragères ne leur cause pas une très grande dépréciation par le limonage ou le terrage dont elle les salit, quelque courte que soit sa durée ? Il y a même cela de remarquable que les inondations les plus rapidement produites et écoulées sont composées des eaux les plus troubles, et en même temps les plus nuisibles aux fourrages qui arrivent à maturité. D'ailleurs cette vérité, incontestée par la généralité des agriculteurs, est consignée dans les auteurs spéciaux : M. Nadault de Buffon, dans son traité d'hydraulique agricole que nous aimons à rappeler, et divers auteurs par lui cités comme faisant autorité, nous enseignent ce que nous avons conseillé de faire, c'est-à-dire de soustraire les récoltes aux inondations.

Nous ne saurions donc admettre que les effets des inondations ne soient que peu nuisibles, et qu'on doive peu s'en préoccuper pour la vallée du Né, celle, précisément, qui est couverte de récolte pendant cinq mois de l'année, de mars à octobre, car à la première et principale récolte succède la seconde appelée regain.

Sur cette question nous nous résumons en disant que les récoltes fourragères submergées sont toujours endommagées plus ou moins fortement. C'est ce que nous avons déjà dit dans notre premier rapport, en estimant que les mauvais effets de la submersion déprécient les fourrages du quart à la totalité de leur valeur entière, suivant l'intensité de la crue, ce qui pourrait causer à la vallée du Né une perte variant de 50,000 à 200,000 fr. à chaque submersion du printemps.

M. l'ingénieur en chef est conduit à penser qu'une crue n'est à craindre que tous les neuf ans, à l'époque du printemps. Il a sans doute entendu parler d'une crue de l'importance de celle de 1859, ou tout au moins plus que moyenne, car il en survient plus souvent, même au printemps, dont le volume, plus qu'ordinaire, dépasse les 28 à 30 mètres cubes auxquels la canalisation devrait suffire. Partant de cette hypothèse (une crue tous les neuf ans) et d'un surcroît de dépense de *200,000 fr.* pour empêcher cette crue d'atteindre les prairies, il calcule qu'il y aurait de l'avantage à se résigner à cet inconvénient, puisque, dit-il, les intérêts composés de 200,000 fr. pendant ce laps de temps de neuf ans s'élèvent à 110,000 fr., tandis que la plus-value du revenu annuel en perspective n'est que de 100,000 fr.

Nous faisons remarquer que ce chiffre énorme d'économie (200,000 fr.) doit être le résultat d'une erreur. Rien n'en établit la sérieuse consistance, même approximativement. *Peut-être*, dit M. Lambert dans son rapport, *arriverait-on à réaliser une économie de 200,000 à 250,000 fr.*; et là se borne le résumé de son calcul, dont les données, évidemment erronées, nous restent inconnues (1).

Assurément, si le système de M. l'ingénieur en chef avait, comme réussite, la certitude du nôtre, et qu'il ne dût coûter que la moitié à peine, il devrait prévaloir, et loin d'avoir la prétention de le critiquer, nous lui accorderions sans conteste, même avec déférence pour son auteur, la préférence qui lui serait due. Mais nous ne saurions croire à son efficacité, et de plus nous

---

(1) Il sera expliqué dans le cours de ce rapport que le système préféré par M. Lambert ne peut garantir qu'une économie de 63,000 fr., d'où il suit que son appréciation pèche essentiellement par la base et ne peut résister.

pensons pouvoir démontrer que la grosse économie annoncée par M. Lambert comme facilement et avantageusement réalisable est impossible en réalité.

M. l'ingénieur en chef nous semble avoir vu la question d'une manière générale, et comme de son point de vue élevé il n'a pu en distinguer toutes les parties, il a dû lui être difficile d'en apprécier les détails; c'est à cette particularité que nous attribuons son erreur de calcul.

Nous reviendrons plus loin sur ce sujet important. D'abord il est utile que nous examinions le système de canalisation que M. l'ingénieur en chef trouverait bon d'appliquer pour arriver à de bons résultats, et tout à la fois pour opérer la prétendue économie de *250,000 fr.*

Il a calculé que, « eu égard à la pente générale de la vallée, « il suffirait d'établir un canal de desséchement débitant au « point de départ 27ᵐ30 cubes, et ayant pour cela 11ᵐ50 de lar- « geur en gueule, 8ᵐ50 au plafond et une profondeur de 1ᵐ50; « sa section serait de 15 mètres. Il serait amplifié en recevant « les confluents tributaires, ou lorsqu'il viendrait à diminuer « de pente, et une profondeur de 1ᵐ75 devrait alors suffire à « toutes les exigences.

« Le tracé de ce canal principal occuperait le lit de la *Vieille-* « *Mer*, ou lit primitif, et emprunterait parfois les biefs des mou- « lins, mais pour s'en détacher bientôt. Aux différents points « de croisement ou de séparation des biefs, les chaussées ou « digues de retenue, établies actuellement en tête des tron- « çons de la *Vieille-Mer* pour élever l'eau dans les biefs, seraient « remplacées par des barrages, hausses mobiles ou empellements « de la grandeur du canal; leurs seuils seraient mis à la profon- « deur du plafond de la *Vieille-Mer*, dont la continuité serait « rétablie une fois ces obtacles amovibles enlevés.

« Ce canal ainsi créé dans le thalweg de la vallée par des « travaux de curage, d'approfondissement, d'élargissement et « de redressement, et toutes les chaussées ou digues étant rem- « placées par des barrages mobiles, il resterait à opérer le « curage et l'approfondissement des biefs des moulins, la cons-

« truction d'aqueducs-syphons, l'ouverture de contre-fossés
« bordant les retenues, en aval, c'est-à-dire creusés parallèle-
« ment aux biefs des usines, et recueillant les filtrations pour les
« égoutter à l'aval des moulins ou dans la *Vieille-Mer.* »

Voilà le système indiqué par M. l'ingénieur en chef Lambert.

Nous le trouvons compliqué, et sa complication ou la multiplicité des travaux accessoires qu'il comporte ne manquerait
pas de le rendre encore dispendieux. Car le canal de 11ᵐ50 de
largeur dans le thalweg de la vallée, c'est l'émissaire du Syndicat agrandi, avec des conditions de fonctionnement moins
bonnes ; le curage et l'approfondissement des biefs, c'est ce que
nous projetons, à part deux changements de lit ; et enfin les
nombreux barrages mobiles, contre-fossés, syphons, etc., sont
des accessoires peu nécessaires à notre projet et dont la dépense
viendrait opérer une sensible compensation à nos travaux d'art.
Le système de M. Lambert ne saurait non plus dispenser de travaux d'art ou de gués pour rétablir certains passages à modifier
forcément pour les conserver praticables.

Nous sommes surpris de voir que le système de M. l'ingénieur
en chef ne saurait abaisser le niveau des eaux nuisibles, car
nous ne considérons pas comme un abaissement ou une amélioration la faible différence que devra produire le curage des
biefs à peu près horizontaux qui traversent la vallée, et sont la
principale cause du désordre à réparer.

Le canal de desséchement serait en même temps, comme
aujourd'hui, *Vieille-Mer et bief*, et, comme bief, subordonné
aux moulins, dont il conserverait les eaux élevées à l'aide de
retenues d'une nouvelle espèce. Quelque dimension qu'eût sa
section, la masse entière des eaux, relevée et contenue pour le
principal besoin des usines, circulerait toujours au travers de la
vallée, en contre-haut de son sol, du moulin d'une rive au
moulin de la rive opposée. La nappe d'eau souterraine serait
toujours, en amont de chaque bief, dans chacune des grandes
zones humides, réglée et maintenue par les déversoirs des moulins, mobiles ou fixes, c'est-à-dire qu'elle ne manquerait pas
d'être conservée à 16 centimètres et même moins au-dessous

de la surface du sol des prairies, car les syphons ne devraient pas absorber cette nappe d'eau, ou, s'ils le faisaient, ils deviendraient de véritables dérivations entretenues par les contrefossés d'isolement, et alors l'eau des biefs ou des moulins serait par infiltration détournée de sa destination. Nous ne concevons l'utilité des aqueducs-syphons ou autres que pour recueillir les eaux des points éloignés des canaux, points vers lesquels ramifient des fossés d'égouttement. Nous ne reconnaissons pas que par ce système on puisse empêcher l'état marécageux de se perpétuer....

Le résultat serait pire à la moindre crue ; en effet, les barrages mobiles devraient pour le seul besoin des moulins être hermétiquement fermés, tandis que l'eau ne serait pas trop abondante pour les usines, et qu'elle n'excéderait pas le niveau des déversoirs réglementaires. Puis, aussitôt qu'elle dépasserait le faible volume de 6 à 8 mètres de la capacité des biefs (ce qui représente à peine le quart d'une crue moyenne), pour empêcher le débordement, à l'aide de la *Vieille-Mer*, il serait urgent de lever les barrages. Mais cette manœuvre, pour être efficace, devrait être faite partout à la fois et de la même manière, ce qui nécessiterait la présence d'un homme en permanence sur chaque point, sans quoi ou les terrains s'inonderaient dans quelques instants, ou les meuniers se récrieraient, parce que les barrages un peu trop levés leur feraient perdre une portion de la force motrice à laquelle ils auraient droit. Il faudrait donc ou de nombreux agents spéciaux pour régler les barrages convenablement et juste à temps voulu, ce qui serait difficile et coûteux, ou s'exposer à des conflits regrettables avec les meuniers et les propriétaires de prairies, ceux-ci demandant le rapide écoulement de l'eau, ceux-là voulant se la conserver. Une administration syndicale qui serait en butte à de pareilles difficultés renoncerait bientôt à ses fonctions, ou se verrait forcée de recourir à de nouvelles mesures qui donneraient lieu à de nouvelles dépenses. Une fois engagé dans la voie des fausses manœuvres on n'en sortirait pas sans de graves mécomptes.

Un pareil système nous paraît comporter un vice de compliration, qu'il nous soit permis de le dire, et surtout il ne nous semble pas propre à atteindre le but qu'on se propose. D'ailleurs il est un de ceux que M. l'ingénieur du service hydraulique a désignés comme ne pouvant pas atteindre ce but.

M. l'ingénieur en chef n'entend point, il est vrai, généraliser son système, et c'est là, pour nous, ce qui ôte de la gravité à sa critique et fortifie le projet du Syndicat.

Il dit qu'on ne devrait y recourir que dans la partie où le Né réunit ses eaux en majeure partie dans un seul cours. (Cette partie ne peut être que celle comprise entre le Ménis et Guélin ; sa longueur est de 3,000 mètres environ.) Mais là où le Né se bifurque (c'est-à-dire partout ailleurs que sur ce parcours de 3,000 mètres) en deux bras longeant plus ou moins le pied des coteaux ou desservant une double série de moulins placés à la suite les uns des autres, il est évident pour M. l'ingénieur en chef que la *Vieille-Mer*, qui est interposée au milieu de la vallée, doit servir d'émissaire principal aux crues, condition que sa séparation complète des biefs des moulins et l'absence de barrages sur son parcours rend très facile à réaliser. *Sur ces points*, dit M. Lambert, *la question se simplifie et n'admet guère d'autre solution que celle proposée par le Syndicat.*

Il n'y a donc, à vrai dire, de divergence entre le système de M. l'ingénieur en chef et celui du Syndicat que pour la partie comprise entre le Ménis et Guélin. Sur ce parcours M. Lambert voudrait, par exception, conserver le mode de canalisation qui a été abusivement établi quand on a créé les trois ou quatre moulins qui s'y trouvent. Quoiqu'il propose un correctif à cette canalisation il ne l'empêcherait pas d'être mauvaise, et nous sommes convaincu qu'il n'obtiendrait pas l'amélioration nécessaire. En achetant les moulins le résultat serait meilleur, mais nous pensons toujours qu'il n'y aurait pas d'économie à le faire, et nous répétons que ce serait là un fâcheux expédient.

Nous ferons remarquer ici que l'émissaire principal que nous projetons entre le Ménis et Guélin n'a pas la direction rectiligne que lui reproche M. Lambert ; il est tout simplement rectificatif de la *Vieille-Mer* sinueuse, dont il arrondit les angles ou supprime les détours trop prononcés ; il serpente dans la vallée conduit par cette *Vieille-Mer,* et sa direction n'est point droite. Au surplus, l'aperçu du plan peut fixer sur ce point.

Le système du Syndicat uniformise la canalisation du Né ; elle est triple généralement, il la fait triple partout, et n'admet pas pour la lacune du Ménis à Guélin une exception dont les effets sont désastreux. Faut-il donc dire, comme M. Lambert, que ce système bouleverse l'économie de l'ordre de choses actuel ? Mais il nous semble, au contraire, qu'il le complète, le réglemente, et en même temps qu'il donne satisfaction aux intérêts opposés, engagés dans la question.

Les moulins ne perdraient rien, M. l'ingénieur en chef en convient, au fractionnement des eaux motrices, tel que le conçoit le projet du Syndicat, puisqu'en revanche leur chute serait assez augmentée, les canaux de fuite étant approfondis. Ce n'est donc pas le partage des eaux par rapport aux moulins qui puisse faire obstacle à la triple canalisation du Ménis à Guélin.

Il ne paraît pas certain pour M. Lambert qu'on puisse livrer un canal creusé dans les *détritus ou alluvions très meubles* de la vallée du Né à la vitesse que pourra avoir le courant. Cet inconvénient serait évité dans son système en exhaussant les seuils des barrages, ce qui modifierait la vitesse, mais aurait l'inconvénient de réduire la section et avec elle le débit.

A ce sujet, nous rappelons que le sol des prairies du Né n'est point composé de *détritus ou d'alluvions très meubles,* mais bien d'une terre végétale franche, mélangée de débris crayeux, à grande adhérence quoique perméable. Ce sol oppose une résistance complète aux plus forts courants, même à l'aval des chutes très multipliées de la *Vieille-Mer* et des moulins. Notre assertion est au surplus corroborée par la préexistence des faits antérieurs dont nous avons parlé page 10 de notre premier rapport, à l'égard des canaux de la partie inférieure du Né, qui, même dans leur partie d'amont, hors de l'effet du remou produit par les crues de la Charente, n'ont rien perdu de la régularité de leur tracé rectiligne ni de leur section, depuis plus de soixante ans qu'ils sont créés. Enfin, s'il était reconnu nécessaire de modérer la vitesse du courant par la pose de quelques hausses dans le plafond, cet ajouté serait aussi facile à établir dans notre émissaire que dans la *Vieille-Mer*, et les effets seraient les mêmes dans les deux cas.

Une dernière réflexion venant à l'esprit de **M.** l'ingénieur en chef lui fait craindre que la triple canalisation, qui constitue le plus difficile de l'opération, ne suffise pas pour assurer l'assainissement des divers *plis de terrain, bas-fonds ou dépressions quelconques* où pourraient séjourner des flaques d'eau; il croit nécessaire de diriger sur ces parties des fossés ou saignées pouvant se décharger dans les canaux principaux. Voilà encore de nouveaux éléments de dépense.

A ce sujet, nous répéterons que le sol de la vallée se présente partout en plan incliné, sans *bas-fonds* ou *plis de terrain*. Une aussi favorable disposition de ce sol ne permet pas l'accumulation de flaques d'eau stagnantes, et promet au contraire l'assainissement général et complet. Par cette raison, nous ne voyons pas qu'il y ait nécessité d'augmenter les travaux de desséchement projetés de la création de fossés nouveaux. Tout au plus l'imbibition se fera-t-elle un peu moins vite, à la suite des crues ou des pluies prolongées, au centre des grandes zones interposées entre les canaux les plus distancés. Cependant il n'y a point là de motif de douter de l'assainissement. Enfin, si le desséchement donné par l'exécution du projet du Syndicat pouvait laisser à désirer sur quelques surfaces peu étendues, on remédierait à tout en traçant les rigoles simples et peu dispendieuses que comporte le projet complémentaire de l'irrigation. Ces rigoles, propres en temps de sécheresse à amener l'eau nécessaire aux prairies, seraient également bonnes, dans les temps humides, à dégager l'excédant dont le terrain serait trop fortement saturé. Nous n'admettons donc pas que le projet du Syndicat laisse subsister aucune lacune, et son efficacité ne peut être contestée.

Après avoir donné son approbation au détournement en arc de cercle de l'embouchure du Né, **M.** l'ingénieur en chef termine ses réflexions sur notre projet en disant « qu'il lui paraît surtout avoir eu pour but de prévenir les inondations de la vallée, et que sous ce point de vue il est convenablement étudié et conçu ; mais que cette donnée du programme lui paraît coûteuse à réaliser, et que, selon lui, il vaut mieux revenir aux combinaisons qu'il a essayé d'esquisser. »

Nous avons retracé ces combinaisons ; mais, y ayant vainement cherché la clef du succès, nous n'avons pu les utiliser : nous avons été dans la nécessité de nous appliquer à en faire ressortir les inconvénients les plus certains, et nous avons le regret de ne pouvoir les admettre.

Nous ne pouvons pas non plus accepter l'interprétation donnée par M. l'ingénieur en chef sur ce qu'il appelle la tendance principale de notre projet, car nous n'avons point eu pour but principal, ainsi qu'il le prétend, de prévenir les inondations. Cette donnée de notre programme est secondaire ; elle est découlée de nos premières études, et c'est parce qu'elle nous a paru facilement et avantageusement réalisable qu'elle s'est incorporée à notre système, absolument comme avec elle est venue se faire admettre la donnée d'une irrigation générale. D'ailleurs nous ne devions pas perdre de vue que l'inondation est périodiquement nécessaire aux prairies, pourvu qu'elle ne se produise que l'automne ou l'hiver, sur des terrains dépouillés de récolte qu'elle féconde d'abord et qu'elle purge ensuite des insectes nuisibles. Si d'un côté nous pouvons sans trop de frais prévenir les inondations préjudiciables, d'autre part nous entendons bien les rendre possibles, les provoquer même, en certaines circonstances, de manière à nous assurer tous les avantages d'une bonne entreprise. Ce que nous avons surtout voulu obtenir comme la solution cherchée, et le plus urgent, c'est l'abaissement du niveau normal des eaux. Là est le problème qu'il faut résoudre, là est le vif de la question et la réunion des difficultés à vaincre.

Quoi qu'il en soit des objections soulevées contre nos projets, il est constant qu'elles n'intéressent que faiblement la partie essentielle, la base fondamentale du système, et qu'elles ne s'attaquent qu'à la forme et aux accessoires.

D'ailleurs une erreur matérielle de calcul faisant tout l'appui de l'argumentation de notre contradicteur, et cette erreur étant relevée, notre projet ne reste-t-il pas mieux éprouvé, avec une chance de réussite de plus?

Maintenant que les systèmes divers sont en présence et que les avis différents des hommes spéciaux sont connus et peuvent être appréciés, nous allons dire quelle contenance fit le Syndicat en recevant de M. le préfet communication des avis de MM. les ingénieurs de l'État.

Cette communication produisit soudainement sur l'esprit des syndics l'effet le plus inattendu. Ils ne virent que la critique, ne firent nul cas de l'approbation, qui était pourtant d'une grande valeur, et, oubliant les raisons qui jusque-là avaient dicté leurs préférences, ils s'ébranlèrent sans oser soutenir leur opinion et leur assurance premières. La commission syndicale conclut précipitamment à l'abandon, au moins provisoire, de son projet présenté, pour suivre l'avis de M. l'ingénieur en chef, puisque *d'immenses économies paraissaient réalisables*. Enfin, il fut dit que l'approbation de M. l'ingénieur en chef Lambert, pressentie, espérée, mais non obtenue, était indispensable pour mener l'entreprise à bonne fin, et qu'il fallait tout lui sacrifier.

Témoin de cette déconvenue, nous eûmes soin de vérifier à la hâte et provisoirement si le système conçu par M. l'ingénieur en chef pouvait remplacer le nôtre, et procurer la grosse économie sur laquelle le Syndicat basait son espoir.

Notre premier examen nous apprit que le Syndicat cédait à un simple prestige, à une illusion, ainsi que nous avons essayé de le démontrer en reproduisant la discussion qui précède.

La commission Syndicale reçut notre appréciation provisoire; elle fut un instant indécise dans sa résolution, mais comme elle tenait beaucoup à marcher d'accord avec M. l'ingénieur en chef (ce que nous ne désirions pas moins nous-même, dans la limite du possible) „ elle décida que de nouvelles études et un projet modifié seraient par nous préparés.

Cette résolution prise dans l'espoir d'obtenir de bons résultats avec beaucoup moins de dépenses, ce qui pouvait satisfaire en

même temps les riverains récalcitrants, le Syndicat en fit l'objet
de sa délibération du 27 octobre 1860.

Nous empruntons à ce document les passages suivants :

« Le Syndicat, après un mûr examen, dit qu'il éprouve le
« regret vivement senti de rejeter le projet de M. Garlandat,
« projet qui, il l'avoue, est fait avec la plus grande conscience,
« a été sérieusement étudié, et dont l'avantage était probable.
« En conséquence, il ne peut se dispenser de voter des remer-
« ciements à son principal auteur.

« Mais, en présence des pétitions qui sont présentées contre
« le projet, et en présence surtout du rapport de M. l'ingénieur
« en chef, la commission ne peut se dispenser de se ranger à
« son avis judicieux, lorsque surtout ce dernier rapport offre en
« perspective de fortes économies, tout en promettant les
« mêmes résultats.

« Par ces derniers motifs, la commission syndicale déclare,
« *à la majorité*, rapporter sa délibération du 28 avril dernier ;
« veut et entend : que tous les biefs nécessaires à l'écoulement
« des eaux et au desséchement des prairies soient curés et re-
« dressés autant que possible sans abandonner les lits ; qu'ils
« soient mis à une largeur moyenne de 11m50 (1) ; qu'il soit
« pratiqué, si besoin est, des petits fossés, rigoles ou autres
« ouvrages analogues, dans les endroits où le curage des biefs
« ne suffirait pas pour dessécher les prés ; qu'il soit construit
« des barrages mobiles partout où il sera reconnu nécessaire,
« et enfin qu'il soit acheté des moulins, s'il y a avantage, mais
« toujours en employant les moyens les plus économiques.

« Tel est l'avis de la commission syndicale, qui ordonne sur-
« le-champ à M. Garlandat de se mettre immédiatement en

---

(1) Nous faisons remarquer qu'il y a erreur dans la rédaction de
la délibération, la largeur de 11m50 étant celle de la *Vieille-Mer* seulement, et non des biefs ou fossés, que, dans tous les cas, il ne s'agit
que de curer dans leurs largeurs actuelles.

« mesure de faire de nouvelles études, pour lesquelles elle lui
« alloue..., etc., etc. »

Tel est le programme que nous traça le Syndicat, et qu'il
nous notifia avec invitation de nous y conformer.

Nous nous remîmes à l'œuvre pour les nouvelles études qui
nous étaient prescrites, nous conformant autant que possible aux
données de M. l'ingénieur en chef, sans initiative de notre part.

Dès que nos opérations furent complètes et notre devis ad-
ditionné, nous eûmes la preuve certaine, cette fois, de l'impossibilité de réaliser l'économie annoncée par M. l'ingénieur en
chef. En effet, au lieu de 200,000 à 250,000 fr. de réduction,
nous ne trouvâmes que 63,000 fr. à gagner, soit un septième au
lieu d'une moitié d'économie.

Ce résultat ne nous surprit pas, car nous l'avions fait pressentir ; mais le Syndicat était dérouté, et au lieu de se rattacher
au premier projet, le plus facile à retoucher, pour en retirer de
bonnes économies, il tenta le succès de l'épargne en se ra-
battant sur une demi-mesure.

Comme l'application des combinaisons esquissées par M. l'ingénieur en chef ne produisait pas l'avantage qu'on en avait trop
facilement conçu, on voulut cependant réaliser à tout prix une
forte économie. Et voici comment le Syndicat crut pouvoir sortir
de son embarras :

En principe il déclara qu'il fallait toujours se rattacher au
système de M. l'ingénieur en chef, mais en fait il nous prescrivit
de ne l'appliquer qu'aux terrains les plus marécageux situés
entre Saint-Fort et la Sauzade, mettant ainsi de côté les ruisseaux affluents et laissant en dehors la moitié, ou à peu près,
des terrains reconnus et *classés* d'abord comme méritant des
améliorations importantes.

Cette nouvelle manière de voir nous parut arrêtée encore avec
précipitation et sans mesure, et nous fîmes remarquer quels en
étaient les nombreux inconvénients. Notre observation n'eut
aucun succès ; il nous fallut scinder nos études et présenter
malgré nous un second projet tronqué, mixte et tel que le Syndicat l'entendit.

Ce deuxième projet, conforme aux données de M. l'ingénieur en chef, mais limité par le Syndicat à la zone marécageuse seulement, fut complété de toutes pièces, et clos à la date du 20 février 1862.

Nous en résumons comme suit les dépenses :

1° Évaluation des terrassements............	167,557 f.	85 c.
2° Évaluation des travaux d'art..............	85,250	»
3° Somme à valoir pour imprévu des travaux.	15,192	15
Montant du second projet pour la zone marécageuse...................................	268,000	»

Y ajoutant les frais généraux :

1° Achat de terrain pour élargir la *Vieille-Mer* : 2 hectares, à 4,200 fr.....................	8,400	»
2° Frais d'administration et d'études, intérêts, etc.................................	45,600	»
On obtient pour l'estimation totale du second projet spécial à la zone marécageuse.	322,000	»

Or, l'étendue particulière de ces prairies marécageuses, situées entre Saint-Fort et la Sauzade, n'est environ que la moitié de la vallée tout entière, et ne comprend que 450 hectares. Il s'agissait donc de frapper une cotisation exorbitante de 715 fr. par hectare.

Évidemment, on tendait par là à faire payer trop cher un travail incomplet, peu efficace quoique considérable, et l'on aboutissait à l'aggravation d'une situation qu'on avait en vue d'améliorer : c'était aller contre son but. Le Syndicat le comprit, et, voyant que ses appréhensions exagérées l'avaient conduit dans une impasse, il se ravisa et revint à des idées plus pratiques.

Ce retour détermina l'assemblée syndicale à prendre sa délibération du 27 juillet 1862, fixant son choix d'alors sur le troisième projet.

C'est ce *troisième* projet qui fait actuellement l'objet principal de l'enquête d'utilité publique ouverte pour cette importante affaire, à Cognac et à Jonzac.

Nous allons rappeler les divers travaux que le Syndicat a voulu comprendre dans son troisième projet, en vue, cette fois, de l'amélioration de toute la vallée du Né, de l'amont de Saint-Fort à la Charente, y compris les ruisseaux affluents.

TROISIÈME PROJET.

Ces travaux sont fixés par la délibération précitée du 27 juillet 1862; ils sont évalués avec détails dans un dossier complet dont les pièces figurent à l'enquête, et sont résumés comme suit :

1° Travaux divers, y compris une somme à valoir pour imprévu.. 175,000 f.

2° Prix et frais d'acquisition du moulin de la Sauzade... 15,000

3° Frais divers d'études pour quatre projets..... 20,000

4° Frais ultérieurs d'administration, de perception des cotisations, d'intérêt d'emprunt, de formation de rôles, d'acquisition de terrain pour régulariser la largeur de la *Vieille-Mer*, etc , etc..... 40,000

Et ce troisième projet, réduit par l'initiative du Syndicat aux moindres proportions, donnerait lieu à une dépense de..... 250,000

Cette dépense générale, répartie sur les 840 hectares, donnerait lieu à une taxe de 300 fr. environ par hectare

On voit par l'énumération qui précède que le troisième projet, comme mode de travail, est encore bien différent du premier système. Nous ne craignons pas d'affirmer qu'on n'en retirerait pas le quart des avantages recherchés, et garantis par l'exécution du premier projet. Et cependant il donnerait lieu à une dépense de plus de moitié, tout en négligeant de nécessaires améliorations et *sans changer le niveau habituel des eaux, niveau qui, seul, cause tout le mal*, et qu'en conséquence il faudrait abaisser pour toujours. Mais on ne peut produire cet abaissement qu'en isolant la *Vieille-Mer* des biefs des moulins pour la rendre, *grande ou petite*, indépendante des autres cours d'eau.

Que l'on remarque bien que pour descendre sa dépense au chiffre de 250,000 fr., admissible à la rigueur comme le plus réduit, le Syndicat a abandonné le travail de tous les biefs des moulins, laissant ce travail important à la charge des meuniers, qui réclameront peut-être contre cette mesure, que pour le moment nous ne voulons pas apprécier; qu'il a renoncé aussi à faire établir sur la *Vieille-Mer* les barrages mobiles dont l'absence rendrait cette *Vieille-Mer* nulle pour l'écoulement des eaux, d'où il résulterait que la rivière du Né serait toujours réduite à évacuer ses eaux par les ouvrages des moulins, et, à leur défaut, par-dessus les prairies.

Les curages prévus n'ont donc réellement d'efficacité qu'en aval de la Sauzade, en dehors, par conséquent, de la grande zone des moulins.

Enfin, il nous semble qu'on ne tient pas assez compte de ce fait dominant que les communes du haut Né sont organisées en Syndicat; qu'elles ont pour le desséchement de leurs prairies et l'écoulement de leurs eaux nuisibles un projet à l'étude; projet qui, exécuté probablement dans peu de temps, devra rendre au bas Né l'eau plus rapide et plus abondante. Cela considéré, on devrait comprendre que la nécessité de grandir le débouché des canaux du bas Né est pressante, et que si, dans des vues trop parcimonieuses, on ne s'en garantit pas à l'avance, l'invasion des eaux du haut Né aggravera encore la déplorable situation dans laquelle on se trouve. Il nous semble donc qu'on fait un faux calcul en voulant maintenir un débouché qu'il faut absolument grandir sensiblement sous peine des plus grands mécomptes. A tout événement, nous croirions à propos d'établir un concert entre les deux Syndicats, pour combiner les meilleures mesures à prendre.

Le Syndicat s'est borné, par l'emploi des aqueducs souterrains et leurs rigoles, à assaïnir et égoutter partiellement le sol lors des basses eaux. Mais il est certain qu'avec des biefs et une

Vieille-Mer qui ont un lit commun, sans barrages mobiles pour les grandir à l'occasion, la moindre crue que chaque moulin sera dans l'impossibilité d'absorber entièrement sortira du lit des biefs et *Vieille-Mer*, puis, se répandant sur les prairies, neutralisera l'effet des aqueducs, et, de plus, endommagera les récoltes. Alors l'économie prétendue deviendra illusoire.

Nous avons cru devoir consigner ici ces derniers avis, pour dégager la part de responsabilité morale que plus tard on serait peut-être tenté de nous attribuer.

En attendant l'exécution des travaux quels qu'ils soient, il nous semble un peu utile de mettre en parallèle les différents moyens sur lesquels le Syndicat a eu l'embarras de se prononcer, avec un diminutif du premier projet réduit à ses moindres proportions, sans compromettre son principe par excellence.

Voici d'abord dans quel ordre de mérite nous classons les divers genres de travaux dont il a été plusieurs fois parlé dans cette affaire. Notre classification aura peut-être l'avantage de mieux résumer et d'éclaircir ce que nous aurions laissé d'épars et de confus dans nos mémoires.

En premier lieu, comme *chose essentiellement nécessaire*, *à laquelle est subordonnée la réussite*, l'isolement de la *Vieille-Mer* ; peu importe d'ailleurs, pour le desséchement et même l'irrigation ultérieure des prairies, que son lit soit conservé ou rectifié, petit ou grand.

En deuxième lieu, comme conséquence de la séparation des cours d'eau, redressement ou changement de lit de quelques tronçons de biefs, pour compléter la division des eaux et, sans autres empellements ou vannages, pour augmenter fortement le débouché général.

En troisième lieu, établissement de deux ou trois aqueducs souterrains pour le desséchement, à volonté même l'irrigation, d'autant de zones de prairie que, par exception, la *Vieille-Mer* isolée ne saurait dessécher.

Point ne serait besoin de recourir à l'emploi des nombreux et coûteux barrages mobiles, que, d'après le système de M. l'ingénieur en chef Lambert, il faudrait créer au nombre de onze. Deux seuls de ces barrages seraient nécessaires à la tête et au débouché de la *Vieille-Mer*.

En quatrième lieu, construction de deux ou trois ponceaux où les biefs détournés traverseraient des chemins vicinaux et la chaussée du pont de Celles.

Il n'en faudrait pas plus pour faire face à toutes les éventualités et sauvegarder l'avenir, avec lequel les plus complets perfectionnements, s'ils étaient jugés utiles, pourraient être donnés sans trouble comme à peu de frais.

Il nous reste enfin à évaluer les travaux de différents genres dont l'ensemble le plus simple procurerait à la rivière du Né un débouché *quatre fois égal au moins* à celui que peut offrir le système auquel s'est arrêté le Syndicat dans son troisième projet. Il est facile de reconnaître comment ce débouché serait ainsi multiplié, en se rappelant qu'un bief de chaque côté de la vallée, et la *Vieille-Mer* au milieu, fonctionneraient simultanément, quoique séparément, tandis que dans le troisième projet le tout est confondu et dirigé tout ensemble successivement sur chaque orifice actuel d'écoulement, autrement dit sur chaque moulin, *ce qui réduit les cours réunis à l'effet d'un seul, et le moindre.*

Nous tirerons notre évaluation des pièces du premier projet ; nos chiffres seront exacts autant que possible, et nous obtiendrons facilement une nouvelle combinaison que nous appellerons un quatrième projet.

QUATRIÈME PROJET.

1° La *Vieille-Mer*, les affluents et autres canaux ou fossés d'égouttement, comme au troisième projet du Syndicat.. 107,532 f. 56 c.

2° Trois aqueducs souterrains comme au premier projet.. 8,400 »

3° Vannage régulateur à la tête du bief rive

A reporter............... 115,932 56

Report............	115,952 f.	56 c.

droite pour assurer l'égal partage des eaux
(premier projet)....................... 1,700 »

4° Deux barrages mobiles pour fermer ou
ouvrir à volonté la *Vieille-Mer* et en faire le
principal cours (ces barrages à réduire d'un
quart pour un lit moindre).............. 11,000 »

5° Redressement des biefs des deux rives
pour la division des eaux en trois cours au
lieu d'un seul, 40,000 mètres cubes de déblais
à 1 fr. 20......................... 48,000 »

Ce chiffre de 40,000 mètres cubes est tiré
avec exactitude de l'avant-métré du premier
projet.

6° Pont en pierre sous le chemin de Beaulieu
(bief rive droite détourné, type n° 6 du premier
projet)........................... 6,300 »

7° Autre pont sous le même chemin, près du
moulin (type n° 7 du premier projet)....... 2,650 »

8° Pont en pierre reconstruit sur le bief rive
droite, pour l'accès de la prairie de Martourille, commune de Salles (type n° 5 du premier projet)....................... 5,100 »

9° Modification de deux ponts en bois sur le
bief rive droite, pour la chaussée du moulin de
la Roche et au Maine-Neuf (type n° 9)...... 1,600 »

10° Pont en pierre sous la chaussée du pont
de Celles, pour la traversée du bief rive droite
(type n° 4 du premier projet)............. 6,500 »

Total.................... 198,782 56

Il convient d'ajouter pour travaux accessoires ou imprévus une somme à valoir de... 16,217 44

Et le montant général, suffisant pour assurer
l'adoption du meilleur système par la réduction

A reporter.......... 215,000 »

Report............ 215,000 f. » c.

de proportion du premier projet, s'élèverait

pour tous travaux à la somme totale de...... 215,000 »

A ce chiffre ajoutant les frais généraux d'administration et autres, comme au projet du Syndicat (moins toutefois le prix d'achat du moulin de la Sauzade qu'il n'y a pas avantage à supprimer), savoir :

1o Frais divers d'étude de projets........................ 20,000 f.

2o Frais ultérieurs.......... 40,000

3o Indemnités de terrain pour le redressement des biefs des moulins, au plus............ 10,000

70,000 »

En définitive, le premier projet, réduit à de moindres proportions, conservé en principe, non dénaturé et décomposé en un quatrième

projet, coûterait........................ 285,000 »

Cette dépense générale répartie sur les 840 hectares de terrains imposerait une cote moyenne de 339 fr. par hectare, au lieu de 297 fr. résultant du projet du Syndicat, soit une faible augmentation de 42 fr. par hectare, ou d'un huitième, pour obtenir : 1° l'écoulement facile et sans débordement des crues *ordinaires* ; 2o l'égouttement complet du sol ; 3° son irrigation facultative ultérieurement ; 4° l'amélioration certaine des fourrages ; 5o et une plus-value incontestable. Enfin, la dépense que l'on redoute de faire se convertirait sûrement en un très lucratif placement de fonds.

Lorsque, plus tard, les travaux derniers cités auraient réalisé l'avantage promis, il serait facultatif de les compléter au gré des ressources et des résultats, soit en dressant la *Vieille-Mer* en lit moyen, soit en disposant les ouvrages nécessaires pour répandre l'irrigation généralement, et tout ce qui serait dépensé en faibles sommes dans ce sens serait bientôt remboursé à la satisfaction générale.

Ici s'arrête la série des études auxquelles il a été nécessaire de nous livrer pour élucider cette importante question de desséchement et d'assainissement de la vallée du Né.

La clôture de nos travaux porte la date du 4 décembre 1862.

Voilà donc quatre projets distincts qui aux divers points de vue où l'on désire se placer constituent une étude entière de la question.

Si nous les comparons quant aux prix de revient par hectare, nous obtenons les chiffres suivants :

Pour le premier projet très complet, appliqué aux 840 hectares de la vallée tout entière. . . . .   535 fr.

Pour le deuxième, restreint aux 450 hectares les plus marécageux, entre Saint-Fort et la Sauzade.   715

Pour le troisième, calculé sur l'ensemble des 840 hectares.   297

Enfin, pour le quatrième, diminutif du premier, et comme lui relatif aux 840 hectares.   339

Ce rapprochement, quoique favorable au quatrième projet, ne changea rien à la décision du Syndicat. Il avait fixé les bases du troisième projet, il continua de lui accorder la préférence et le recommanda au choix de l'administration supérieure.

M. le sous-préfet de Cognac ne partagea point l'avis de la commission syndicale, et par sa lettre d'envoi du 16 décembre 1862 il insista fortement sur l'adoption du quatrième projet.

M. Paqueron, ingénieur du service hydraulique, et M. Lemercier de Morière, ingénieur en chef, qui avaient succédé à MM. Lemoyne et Lambert, ont examiné et mis en parallèle les quatre différents projets, et dans leurs rapports des 8 septembre et 15 octobre 1864, rapports qui figurent à l'enquête, ils ont émis substantiellement leur avis éclairé et fait faire un grand pas à la question.

M. l'ingénieur Paqueron résume son appréciation dans les termes suivants :

« L'examen très approfondi dont le premier projet a été l'objet « de la part de MM. Lambert et Lemoyne, nos prédécesseurs

« dans ce département, nous dispense d'y revenir avec détail.
« M. l'ingénieur Lemoyne a émis un avis motivé et favorable à
« ce projet : il en a approuvé le principe fondamental qui est
« l'isolement de la *Vieille-Mer* d'avec les biefs des moulins, et
« les modifications qu'il a proposé d'y introduire ne portent que
« sur quelques détails secondaires.

« L'avis de M. l'ingénieur en chef Lambert a été, il est vrai,
« beaucoup moins favorable : pourtant les bases du projet de
« M. Garlandat n'ont point été repoussées par ce chef de service
« d'une manière absolue, seulement il a indiqué comment il lui
« paraissait possible d'améliorer le régime de la rivière du Né
« sans dépenser une somme aussi considérable, et c'est d'après
« ces idées qu'a été rédigé le projet n° 2 ; mais comme la réduc-
« tion réalisée n'a pas été aussi grande qu'on pouvait l'espérer,
« et que de plus cette économie se traduirait en une augmen-
« tation, il en résulte que ces idées doivent être abandonnées
« et qu'il y a lieu de revenir aux bases qui ont présidé à la rédac-
« tion du premier projet.

« Quant au troisième, il nous paraît inadmissible, parce qu'il
« ne détruit pas le principal inconvénient, qui est l'écoulement
« des crues par les biefs des moulins.

« Il paraît donc naturel de recourir au quatrième projet,
« appelé ainsi par M. Garlandat, mais qui n'est au fond qu'un
« diminutif du premier, ainsi que l'auteur le dit lui-même, et
« qui, tout en maintenant les principes fondamentaux de ce pre-
« mier projet, a l'avantage de procurer une notable économie
« dans la dépense à effectuer.

« En résumé, les bases du premier projet nous paraissent
« devoir être maintenues pour servir à la rédaction du quatrième
« en se bornant aux améliorations indispensables, et en tout cas
« en ne dépassant pas le chiffre de 300,000 fr. »

Cette approbation est pour nous d'un grand prix, d'autant
mieux qu'elle rappelle et ravive celle de M. l'ingénieur Lemoyne.

M. l'ingénieur en chef Lemercier de Morière, venant à son
tour, résume les faits plutôt qu'il ne les apprécie, et, comme
M. Paqueron, conclut à la mise à l'enquête d'utilité publique.

M. l'ingénieur en chef serait d'avis de provoquer une délibération de la commission syndicale du Né moyen (partie comprise entre le Pont-à-Brac et la commune de Saint-Fort) qui est immédiatement supérieure à celle dont il s'agit.

Voilà où en étaient arrivées les choses au mois de septembre 1864.

Nous allons donner un aperçu de l'enquête publique.

CONSIDÉRATIONS

SUR L'ENQUÊTE D'UTILITÉ PUBLIQUE.

L'enquête d'utilité publique, généralement demandée, a été ordonnée par M. le préfet de la Charente.

Le troisième projet, celui recommandé par le Syndicat, est principalement l'objet de cette enquête; mais le quatrième en fait aussi partie comme document utile à consulter.

L'enquête commencée à Cognac (Charente) sera prochainement complétée à Jonzac (Charente-Inférieure).

A Cognac, elle a fait produire des observations de différents genres. Nous allons les passer rapidement en revue.

Un dire à cinq ou six exemplaires s'est couvert d'un assez grand nombre de signatures à Saint-Fort et dans les villages voisins. Ce document a été inspiré par un très petit nombre de propriétaires des moins intéressés à l'amélioration de la vallée du Né, les mêmes qui s'étaient faits les instigateurs des pétitions contre le premier projet, à l'égard desquelles M. l'ingénieur Lemoyne a prononcé une réfutation que nous avons précédemment reproduite. Le dire actuel, élaboré dans le but de faire systématiquement échec aux projets soumis à l'enquête, ne nous paraît pas avoir plus de portée que les pétitions ses aînées, car dans le second cas comme dans le premier les inspirateurs de l'écrit sont encore à comprendre les projets qu'ils combattent de parti pris. Et si leur dire a une apparence sérieuse, c'est grâce au nombre des signatures qu'il a obtenues lorsqu'il a été colporté de village en village et de maison en maison, sous le patronage d'artificieuses exagérations.

Ce premier dire étant insuffisant pour justifier les allégations qu'il renferme, ses promoteurs l'ont soutenu à l'aide d'un contre-projet rédigé *sur leurs données* par M. Védrenne, agent-voyer à Cognac.

Ce contre-projet a une certaine valeur ; il est pour nous une base de discussion. Aussi allons-nous en quelques lignes l'apprécier à notre sens, ce qui tournera peut-être au profit de notre propre système.

L'auteur du contre-projet partage d'abord une opinion que nous avons exprimée, et il constate :

« Qu'on ne peut admettre que le curage de la rivière du Né
« puisse apporter une amélioration appréciable à l'état actuel
« des choses, si les eaux de cette rivière conservent encore leur
« niveau actuel par l'effet des digues établies par les meuniers
« en amont de leurs usines, si enfin les eaux ne sont pas bais-
« sées à un niveau inférieur à celui des prés situés aux abords. »

Puis, déclarant avec franchise *qu'il n'a étudié* QU' IMPARFAI-TEMENT *l'état des lieux*, il passe néanmoins à la combinaison d'un système nouveau.

Pour débuter, il conseille de faire *ce qui est déjà fait depuis longtemps*, c'est-à-dire la réglementation des moulins, en abaissant leurs déversoirs de 16 à 20 centimètres plus bas que les prairies en amont.

Mais cet abaissement a été exécuté à tous les moulins, et pour que l'auteur du contre-projet l'ignore, il faut qu'il ait étudié aussi peu la question en général que l'état des lieux en particulier. S'il s'est fié aux apparences ou aux renseignements émanés de ses commettants, il a dû faire erreur, les apparences, du moins, étant trompeuses, car à l'aspect des lieux on est porté à croire que les déversoirs se nivellent avec les prairies, ce qui fait songer à les abaisser. Mais, en réalité, ces déversoirs ont subi sous le contrôle de l'administration des ponts et chaussées l'abaissement réglementaire ; il n'y a plus à y reve-

nir, et si, malgré le secours de ce moyen, les prairies continuent d'être trop humides, comme l'a très bien remarqué l'auteur du contre-projet, ce n'est exactement que parce que les
biefs des moulins sont encombrés, ou ont trop de relief sur les
prairies qu'ils traversent, ce qui maintient la trop grande élé-
vation des eaux.

Mais, la méprise étant faite, le contre-projet en ressent
toutes les conséquences, et comme un futur abaissement de
20 centimètres aurait une réelle influence, on le projette; on
l'escompte au profit de l'avenir comme un principal moyen,
puis on ne croit plus avoir à combiner que les travaux complémentaires dont voici la désignation :

1° Établissement de douze barrages mobiles sur la *Vieille-
Mer.* (C'est un barrage mobile de plus que dans le système de
M. l'ingénieur en chef Lambert. Ce sont dix barrages de trop
pour notre projet particulier.)

2° Abaissement des roues motrices de chaque usine, ou
allongement de leurs rayons ;

3° Curage de quelques parties des biefs qui pourraient, en
aval de chaque moulin, occasionner l'engorgement de leurs
roues motrices ;

4° Éventuellement, curage, élargissement, approfondissement de certaines parties des canaux de la rivière.

Telles sont les combinaisons du contre-projet, qui ne tient
compte que de la dépense afférente aux douze barrages mobiles,
fixée au chiffre plus que modéré de 28,000 fr.

Et l'on ne compte pour rien *l'abaissement des roues motrices, l'allongement de leurs rayons, la reconstruction de leurs
coursiers, la modification de partie du matériel de la meu-
nerie, et le chômage qu'il faudrait imposer à tous les moulins*
pour les transformer à grands frais au profit des prairies !

De même, on établit pour mémoire *le curage, l'élargissement, l'approfondissement des canaux !*

Et pourtant de tels travaux, vraiment importants, entraîne-
raient dans une dépense considérable qu'il ne faudrait pas dis-
simuler, d'autant mieux que les usiniers ne veulent et ne

doivent la supporter et qu'elle incomberait à la charge des possesseurs de prairies.

Il est évident que si un pareil projet est pris au sérieux, il doit plaire aux propriétaires nos contradicteurs qui en ont ordonné et dirigé l'étude.

Mais il n'y a là qu'illusion et erreur étranges que nous nous faisons un devoir de signaler pour les faire cesser, tout en regrettant la participation indirecte de l'honorable M. Védrenne.

Espérons qu'il nous suffira de consigner ici ces observations pour amener les opposants au concert que réclame la grave question que nous traitons.

Il nous semble, d'après cela, que le contre-projet perd son influence momentanée, et que s'il a amené quelque lumière de plus sur la question, ce n'est que pour attester encore une fois la réalité du dommage, à l'encontre duquel il faut aller à la hâte avec des expédients sûrs, plutôt que de perdre son temps en vaines discussions.

Voilà, quant à nous, ce que sont le dire et le contre-projet élaborés à Saint-Fort.

Les communes d'Ars et de Merpins ont également produit des dires collectifs qui ne nous suggèrent que de courtes réflexions.

Les propriétaires de ces communes concentrent toute leur attention sur leurs intérêts particuliers, ne se préoccupent nullement des projets au point de vue de l'ensemble et ne portent à l'enquête qu'une opinion locale : c'est une affaire de clocher.

Ars a ses prairies partagées entre la zone marécageuse et la zone déjà irrigable. Les intéressés de cette commune redoutent de voir leurs meilleures prairies assimilées à celles marécageuses, et n'ont d'autre appréhension que de contribuer dans des frais qui ne les favoriseraient pas, ou d'autre désir que d'être assurés du moyen d'irrigation qui leur a parfaitement réussi à la suite de simples essais.

Nous n'avons point qualité pour préjuger le mode de répartition des dépenses, mais nous sommes persuadé que l'esprit d'équité et de justice qui anime le Syndicat le mettra à même de soumettre à une enquête ultérieure une juste classification des terrains à imposer.

Quant aux habitants de Merpins, leurs dires sont encore plus particulièrement locaux. Ils n'ont d'autre tendance que d'obtenir au plus juste prix l'amélioration de leurs prairies, pourvu que les moyens à employer comportent le complet curage du canal collecteur, son détournement dans la Charente, et qu'en définitive on les préserve contre l'invasion de crues désormais plus promptes et plus fortes.

On ne saurait être en peine de donner satisfaction à d'aussi légitimes prétentions.

La commune de Gimeux a produit par quelques-uns de ses habitants un dire fort remarquable.

La question y est traitée sous les divers points de vue auxquels peut désirer se placer un appréciateur intéressé.

Ce n'est pas sans regret que, pour abréger, nous renonçons à reproduire ici quelques-uns des intéressants passages de ce document de valeur.

Tout examiné, les habitants de Gimeux, qui avaient cru devoir préférer le contre-projet, opinent pour le système du quatrième projet, qui comporte les barrages mobiles, appelés selon eux à régénérer la vallée du Né.

Quelques autres dires sont aussi consignés dans l'enquête. Les uns sont pour, les autres sont contre les systèmes discutés. Ce sont des observations isolées et présentées sans motifs et devant à peine être prises en considération. Il n'y a, dans cette catégorie des dires personnels, que ceux des propriétaires d'usines et de leurs adhérents qui attirent l'attention sur ces faits principaux que le quatrième projet est préférable, et que les usiniers voudraient se soustraire à toute charge relativement aux biefs des moulins que, selon eux, il n'est utile de modifier que dans l'intérêt des prairies.

Nous devons aussi quelques éclaircissements au sujet d'une lettre de M. de Brémont d'Ars, jointe au dossier de l'enquête. A la lecture de cette lettre, on voit bientôt que M. de Brémont l'écrivait avant d'être initié à la véritable question, probablement par mesure préservative à l'égard de son domaine d'Ars, dont les prairies ne sont point exposées à subir une dépréciation, ainsi qu'on a pu le lui faire craindre.

Que M. de Brémont se rassure ; il ne s'agit d'abord que de dessécher et améliorer les prairies marécageuses, moyennant une redevance bien inférieure au service à rendre. Un peu plus tard, nous l'espérons, tous les intéressés seront d'accord pour s'associer à la mesure qui, à peu de frais, pourra compléter l'œuvre, en appliquant avec discernement l'irrigation dont la commune d'Ars a fait les essais avantageux qu'elle voudrait renouveler.

L'enquête a été close à Cognac par le rapport d'une commission nommée par M. le préfet et composée de propriétaires choisis dans les communes riveraines du Né.

La commission d'enquête n'a point fait l'analyse des dires ; elle a seulement recommandé à l'approbation de M. le préfet la triple canalisation donnant un bief à chaque rive et le lit naturel intermédiairement, ce système étant pour la commission le seul qui lui paraisse conduire aux meilleurs résultats, soit pour le desséchement d'abord, soit pour l'irrigation ensuite.

Si quelques membres de la commission se sont abstenus ou ont fait des réserves au dernier moment, c'est parce que leurs préférences et leur concours étaient à l'avance acquis au contre-projet patroné à Saint-Fort.

Dans le cours de l'enquête M. le comte de Narcillac, sous-préfet de Cognac, qui avait déjà formulé un avis favorable à notre système, a été appelé par le gouvernement à d'autres fonctions. C'est à M. Sans, sous-préfet actuel, qu'a été laissée la tâche d'exprimer son avis sur cette affaire.

M. Sans, qui dans ses précédentes fonctions administratives a dirigé de nombreuses associations syndicales, instituées pour l'amélioration de cours d'eau, et à qui de semblables questions sont familières, a saisi de prime abord la portée des projets et des avis contradictoires. En résumant les observations que l'enquête a produites, en suppléant aussi à l'insuffisance du travail de la commission d'enquête, il a tout retracé, tout estimé à sa valeur, et nous avons le nouvel et grand avantage de le compter au nombre de nos principaux approbateurs.

Les phases que cette affaire a subies jusqu'ici sont maintenant connues ; l'enquête de Jonzac complétera le contingent des renseignements sur lesquels l'administration supérieure sera appelée à se prononcer.

Il nous reste, pour terminer ces détails, une dernière et importante remarque à faire ; il s'agit de la commission syndicale.

Nous l'avons eue tour à tour favorable et contraire au système que nous avons désiré lui voir accepter et soutenir. Au début, elle partageait complétement notre manière de voir ; l'incident soulevé par M. l'ingénieur en chef Lambert l'a fait dévier et entrer dans des tâtonnements dont le résultat actuellement connu est le troisième projet, projet hasardé, préféré de guerre lasse au quatrième, mais à la majorité d'une voix seulement.

Aujourd'hui que la lumière s'est un peu faite au choc des opinions diverses et que l'on distingue assez clairement les systèmes opposés, la question se mûrit, les avis se dessinent et, généralement, à l'exemple de MM. les ingénieurs des ponts et chaussées et de MM. les sous-préfets de Cognac, on en est venu à juger comme la meilleure combinaison celle que nous avons cherché à faire prévaloir. Le Syndicat, lui aussi, est entré dans ce courant d'opinion qui entraîne l'affaire vers une solution satisfaisante, et nous croyons savoir qu'il n'insiste plus pour son troisième projet, mais au contraire que ses préférences et son patronage sont désormais acquis au quatrième.

Nous terminerons ce mémoire par l'esquisse du mode d'irrigation que nous avons fait entrevoir, afin que l'ensemble de notre travail soit mieux connu et en définitive mieux jugé en connaissance de cause.

CONSIDÉRATIONS GÉNÉRALES SUR L'IRRIGATION.

Dessécher et assainir la vallée du Né est un premier besoin qui recevra satisfaction, si l'on exécute les travaux que nous avons projetés.

Mais, dans les conditions relatives de la rivière du Né et de ses prairies, il résulterait inévitablement de l'exécution de ces travaux un desséchement parfois trop sensible, puisqu'il serait continu, contrairement à ce qui a lieu dans le régime actuel. Que l'on ne s'effraie point, cependant, d'aller vers un pareil résultat qui, loin d'être un inconvénient, doit être le moyen radical d'améliorer la situation.

Pour une rivière à faible pente, il eût peut-être fallu s'arrêter à un desséchement partiel, qui eût été un abaissement faible du niveau constant des eaux mouillant le sol, ce qui eût fait disparaître à la longue l'état marécageux, n'eût jamais trop desséché les prairies, mais n'eût pu faire que les amener peu à peu à un état de demi-production. En pareil cas, on eût dû attendre longtemps, un grand nombre d'années, pour accomplir une amélioration appréciable et se rembourser de ses moindres dépenses.

Tandis que pour la rivière du Né, à pente telle que les eaux rendues libres y circuleraient vite et seraient bientôt évacuées, il n'est pas possible, comme nous l'avons expliqué déjà, de n'opérer le desséchement immédiat, pur et simple, que juste tel qu'il doit être à divers degrés, par des temps ou des saisons différents. En effet, nos travaux de canalisation régulière et de destruction de digues artificielles étant *indispensables* pour parer aux graves inconvénients des temps humides en dehors des inondations, ne seraient pas exagérés : il ne faut donc pas les restreindre; par des temps tout à fait ordinaires, avec des eaux au-dessous de la moyenne, il en résulterait peut-être un desséchement un peu fort; en temps de sécheresse, ce desséchement serait excessif, le niveau des eaux étant alors descendu au fond des canaux et laissant la végétation manquer de la fraicheur nécessaire.

Nous avons toujours prévu ce résultat qui a son bon côté et devient un souverain remède, puisqu'en y apportant à volonté et à peu de frais un modérateur commode et toujours prêt, on en tire le plus avantageux parti.

Disposant d'un moyen infaillible de desséchement, nous ferons disparaître sans retour l'état marécageux. Dans notre sol de terre franche nous rendrons possible la substitution des plantes fourragères de la meilleure espèce et du plus grand rendement aux herbages aquatiques de la moindre valeur. La substitution d'une espèce à l'autre ne saurait être immédiate, on le conçoit, à moins qu'on n'y joigne la main-d'œuvre pour accélérer la transformation, mais elle sera d'autant plus tôt obtenue que l'on pourra mieux gouverner la distribution des eaux et que l'agriculteur y aidera plus activement.

Cependant, le desséchement, tout infaillible qu'il soit, et précisément parce qu'il est infaillible, ne doit pas être constant. Il faut donc qu'on le puisse proportionner aux besoins des prairies ; qu'il alterne même avec l'arrosage pour donner, selon les exigences du moment, un degré convenable d'humectation, car les plantes fourragères elles-mêmes ne donnent de bonnes et abondantes récoltes que si on entretient leurs racines dans un état suffisant d'humidité. Ce principe nous a guidé.

Or, produire l'humectation nécessaire et facultative, après avoir desséché à volonté, c'est pratiquer l'irrigation, c'est compléter notre projet le plus avantageusement possible.

Ces considérations préliminaires établies, nous allons entrer dans la description sommaire des moyens simples et peu coûteux par lesquels nous entendons faire profiter la vallée du Né tout entière de l'avantage de l'irrigation pour la rendre complétement fertile.

Nous rappelons que les eaux de la rivière seraient écoulées par trois canaux différents : un bief sur la rive gauche pour alimenter les moulins qui s'y trouvent au pied du coteau ; un autre bief sur la rive droite pour un usage analogue; enfin la *Vieille-Mer*, ou lit primitif, entre les deux biefs.

Les biefs devant servir seuls, la plupart du temps, à l'écoulement des eaux, c'est à eux, toujours pourvus, que, par système de dérivation, nous emprunterions l'eau nécessaire à l'irrigation (1).

La *Vieille-Mer*, en situation médiane, ouverte libre dans son cours, est destinée à écouler la plus grande partie de l'eau des crues, si les biefs deviennent insuffisants, et à égoutter le sol des prairies. Elle recevrait donc l'excédant de l'irrigation qui ne serait pas utilisé, de la même manière qu'elle collectionnerait la surabondance des eaux pluviales ou des sources. Partant, on pourrait arroser à profusion sans craindre la stagnation des eaux à la surface du sol.

Les biefs ont cela de particulier qu'en amont de chaque moulin, et sur quelques centaines de mètres de longueur, ils sont endigués et contiennent leurs eaux à un niveau supérieur à celui des prairies riveraines, tandis qu'en aval de ces moulins ils sont encaissés et l'eau y est plus basse que les prés riverains.

Ce n'est donc qu'en amont de chaque moulin que nous pouvons dériver l'eau pour la répandre naturellement sur les prairies.

La prise d'eau aurait lieu dans chaque bief au moyen de petites vannes à orifice jaugé sur un, deux ou trois points différents, dans les positions les plus convenables pour une bonne et économique installation.

---

(1) Au début nous avions fait pressentir que c'était à l'aide de l'émissaire que nous entendions faire en partie l'arrosage. Mais alors nous combinions le projet dans ses plus larges proportions, et nous pensions qu'un grand émissaire endigué, intercepté de barrages portatifs, pourrait servir efficacement à réserver les eaux troubles et les plus fertilisantes des crues, pour en submerger en temps opportun les prairies et produire ainsi l'inondation comme la simple irrigation.

A chaque prise d'eau correspondrait une rigole principale tracée au travers de la prairie, normalement au bief ou à peu près. Cette rigole principale se déchargerait de ses eaux dans deux ou trois rigoles secondaires et transversales creusées dans le sens longitudinal de la vallée, en même temps dans le sens de la pente du terrain. Ces deux catégories de rigoles principales et secondaires, établies aux frais de l'association, livreraient leurs eaux à d'autres rigoles accessoires que les usagers espaceraient convenablement sur leurs prairies à arroser. L'ensemble de ces rigoles formerait un réseau dans la vallée et permettrait de répandre l'eau nécessaire sur toute la surface des prairies.

L'eau, ainsi dérivée, arroserait une partie des prés en amont du moulin et une partie en aval, de manière que chaque moulin occuperait à peu près le milieu de la longueur de la zone d'irrigation de son bief. Cette zone, d'ailleurs, aurait pour limites latérales le bief et la *Vieille-Mer*.

Voilà, d'une manière générale, quel serait le mécanisme de l'irrigation.

Nous allons expliquer quand et comment nous entendrions le faire fonctionner.

D'abord, nous ne conseillons point l'arrosage permanent durant des saisons entières. Nous le préférons périodique, pratiqué seulement pendant sept jours consécutifs dans chaque zone et à deux ou trois reprises différentes par les temps les plus convenables de la végétation active.

L'eau serait distribuée en quantité voulue selon des règlements à intervenir et sous la direction du Syndicat. Les vannages distributeurs fermeraient à clef, s'ouvriraient plus ou moins selon le débit et ne seraient manœuvrés que par un agent du Syndicat (un garde-rivière par exemple), qui serait aussi chargé du soin d'entretenir les rigoles principales ou secondaires et de veiller à la juste répartition de l'eau.

Nous allons nous assurer que chaque bief peut procurer aisément en tout temps l'eau nécessaire à l'irrigation de son rayon, sans préjudice pour le moulin.

Dans les contrées où l'irrigation est pratiquée sur une vaste échelle et avec succès, l'expérience a prouvé que, pour des prairies sur une terre franche, comme celles de la vallée du Né, l'arrosage est suffisant si l'on y consacre au plus *un litre d'eau à la seconde et par hectare*. C'est sur cette base que nous calculons pour dresser notre avant-projet.

Dans le cours de nos études du desséchement nous avons, relativement aux moulins, constaté que le produit de la rivière est au minimum de 2 mètres cubes à la seconde, ce qui nous réserverait toujours, dans chacun de nos biefs séparés, au moins 1 mètre cube ou 1,000 litres à la seconde; d'où nous avons conclu que cette quantité minimum d'eau serait plus que suffisante pour faire fonctionner les moulins.

A présent, il s'agit de déterminer ce qu'il faudrait dériver de chaque bief pour opérer convenablement l'irrigation.

Sachons d'abord quelle est l'étendue moyenne de chaque zone irrigable dans la partie correspondante aux moulins, la seule qui fasse question pour l'usage des eaux qu'il s'agit de partager entre l'agriculture et l'industrie.

La vallée a une largeur moyenne de 500 mètres ou une surface par mètre courant de 5 ares. L'intervalle moyen des moulins est de 1,600 mètres. Par suite, la section des prairies intermédiaires est de 80 hectares. Mais cette section étant divisée par la *Vieille-Mer* et relevant de deux biefs différents, il y a lieu de n'en attribuer qu'une moitié à un seul bief.

C'est donc une zone de 40 hectares environ à laquelle le bief d'un seul moulin aurait à fournir l'eau nécessaire, c'est-à-dire, conformément à la base adoptée, 40 litres d'eau à la seconde. Or, ce bief est alimenté au moins de 1,000 litres par seconde, avons-nous dit; c'est donc *au plus 40/1000ᵉˢ ou 1/25ᵉ de la plus faible part du moulin* qu'il s'agirait de détourner de son usage ordinaire pour en faire bénéficier les prairies.

Nous considérons que la *vingt-cinquième partie* de la force motrice n'est, en plus ou en moins, que fort peu de chose pour un moulin, et qu'une aussi faible défalcation ne saurait lui causer un dommage appréciable. Et cependant c'est tout ce qu'il faut pour compléter l'amélioration des prairies en leur donnant la plus complète fertilité.

Il n'y aurait même point d'inconvénient, à notre avis, à irriguer simultanément sur chaque ligne de bief deux ou trois zones différentes, ce qui ne prélèverait encore que deux ou trois vingt-cinquièmes sur la part des moulins les plus fortement rançonnés, et conduirait à répandre partout l'irrigation pendant la meilleure saison, puisqu'il ne faudrait guère que trois semaines pour arroser toute la vallée.

Enfin, si l'on jugeait à propos d'irriguer partout à la fois et quand même, *lors des plus basses eaux ou de la pénurie des usines*, on aurait encore pour l'effectuer, tout en se servant du maximum d'un litre à la seconde, au moins le double du volume d'eau nécessaire ; mais, en pratiquant ainsi l'opération, on courrait risque de trop affaiblir la force motrice des moulins d'aval et de les empêcher de fonctionner. Il s'ensuivrait probablement un chômage de quelques usines qui pourrait donner lieu à indemnité, pour concilier les deux intérêts, dans le sens de la loi qui régit la matière. L'indemnité à payer aux meuniers, dans ce cas exceptionnel, serait à débattre entre eux et le Syndicat, ou, à défaut d'accord, à fixer par le tribunal. Dans notre appréciation elle serait au plus de 15 fr. par jour et par moulin privé d'eau, ce qui élèverait à 105 fr., à la rigueur, le prix d'une irrigation facultative *au plus mauvais des temps*, pendant sept jours, pour 40 hectares de prairies. Il résulterait de ce cas extrême que l'on ne serait encore tributaire de quelques moulins que jusqu'à concurrence de 2 fr. 60 c. par hectare ou 0 fr. 85 c. par *journal*. Une pareille redevance ne serait point un sacrifice, on en conviendra ; car, le cas échéant, elle ferait plus que de se décupler en profits en se convertissant en produits nouveaux.

Mais il faut tenir compte de ce que nous raisonnons dans l'hypothèse la plus défavorable aux prairies, celle où les moulins seraient réduits à leur moindre part (ce qui n'aurait lieu qu'à la fin de l'été), et de ce que le plus souvent, à l'époque d'agir efficacement par l'irrigation, c'est-à-dire au printemps, l'eau serait plus abondante et largement suffisante pour fournir à tous les besoins, ce qui préserverait de toute contestation avec les usiniers.

L'irrigation est donc aisément praticable dans la vallée du Né.

Ce fait essentiel admis, nous allons terminer ce travail par l'évaluation approximative des travaux spéciaux à exécuter pour l'irrigation proprement dite, en outre de ceux déjà prévus pour obtenir le desséchement.

Notre estimation détaillée ne s'appliquera d'abord qu'à une zone moyenne irrigable par le bief d'un seul moulin. Cette zone, telle que nous l'avons circonscrite ci-devant, nous donnera les éléments d'une unité de valeur ou d'un chiffre moyen, que nous multiplierons par le nombre des parties semblables pour déterminer la dépense totale à prévoir. En procédant ainsi, du simple au composé, nous devrons être mieux compris et arriver plus tôt à convaincre nos lecteurs de l'exactitude de nos calculs anticipés, comme de la vraisemblance des résultats que nous prédisons.

ÉVALUATION DES TRAVAUX SPÉCIAUX A L'IRRIGATION.

1° Établissement de deux vannages dans la digue du bief pour dériver l'eau sur la prairie inférieure, ces vannages ayant chacun de 0m20 à 0m30 d'ouverture pour donner ensemble 40 litres d'eau à la seconde :

Maçonnerie de fondation en mortier hydraulique et moellons, plus béton pour étancher la coupure de la digue ; maçonnerie de pierre de taille pour établir les vannes dans la hauteur de la digue et pour former à l'aval rigole fixe sur 4 à 5 mètres de longueur ; les deux vannes et leurs montants ou coulisseaux et traverses en bois de chêne ; ferrure pour scellements et cadenas, pour le tout, aux prix du pays............................. 200 f.

2° Deux rigoles principales creusées dans le terrain des prairies, ayant ensemble 500 mètres de lon-

A reporter............... 200

Report................. 200 f.

gueur et chacune 0ᵐ60 de largeur sur 0ᵐ30 de profondeur en moyenne, soit un cube de 90 mètres de terre végétale à déplacer avec soin en ménageant les pentes, à 1 fr. le mètre pour ce travail de sujétion.. 90

3° Trois rigoles secondaires dans la longueur de la zone, ayant donc ensemble 4,800 mètres de longueur, à section décroissante de l'amont à l'aval et en moyenne de 0ᵐ35 sur 0ᵐ25, soit un cube de 384 à 1 fr........... 384

4° Travaux complémentaires à faire dans la traversée des cours d'eau, fossés ou chemins, etc., pour compléter et régulariser le rigolage, somme approximative................................... 126

Prix des travaux d'une zone....................... 800
Et de dix-huit zones semblables................... 14,400
Travaux analogues à exécuter entre le moulin Vieux et la Charente, équivalents à ceux de trois zones................................... 2,400
Somme à valoir pour imprévu.......... 1,400
Estimation totale des travaux spéciaux pour généraliser l'irrigation et en faire profiter les 840 hectares de la vallée................................... 19,000

De ce chiffre total se déduit une contribution de 22 fr. 60 c. par hectare (ou de 7 fr. 50 c. par journal) au maximum, pour mettre la rivière du Né en état d'irriguer quand on voudra toutes les parcelles des prairies de sa vallée, de manière à y faire succéder au dessèchement l'arrosage, dont l'opération bien combinée fait toujours produire aux prairies des récoltes certaines, abondantes, de la meilleure qualité et du plus grand profit.

Ne pouvons-nous pas répéter, par conséquent, qu'à peu de frais on peut, si l'on veut, obtenir le couronnement de l'œuvre?

Nous ajouterons que, le pouvant aussi avantageusement, il y aurait faux calcul et grave erreur à s'y refuser.

RÉSUMÉ.

En nous demandant de donner le moyen d'améliorer complétement les prairies de la vallée du Né, le Syndicat de cette rivière nous a confié une mission pénible et délicate.

Néanmoins, la tâche acceptée, nous avons marché résolûment vers le but qu'il s'agit d'atteindre, sans trop nous arrêter aux aspérités du chemin qu'il s'agissait de parcourir.

Préalablement nous avons, par une étude complète, décrit dans quelle situation se trouvent les prairies du Né; par là le mal a été sinon découvert, du moins indiqué pour la première fois dans toute son étendue, dans toutes ses conséquences.

En haut comme en bas de la vallée; à vingt mètres, plus encore qu'à deux mètres au-dessus du bassin régulateur de la Charente, nous avons trouvé des prairies abimées par les eaux et réduites à la plus faible production. Presque partout c'est le marécage régnant sur les hauteurs; presque partout il n'y a qu'entraves artificielles pour la circulation des eaux. C'est qu'il n'y a qu'un intérêt maître de la situation, celui de nombreux moulins, auxquels on a primitivement tout sacrifié sans partage.

Nous avons été mis en présence du plus mauvais régime auquel une rivière puisse être soumise.

Deux intérêts constitués adversaires (bien mal à propos, selon nous) sollicitent chacun une protection exclusive:

Les moulins, intérêt industriel, d'un côté; les prairies, intérêt agricole plus considérable, d'un autre côté.

Témoin de ce conflit, nous avons désiré pouvoir y substituer la conciliation, sans être sûr à l'avance d'y parvenir.

En raison de la situation des moulins, dont la création remonte aux temps féodaux et dont la propriété est incontestée; en raison de la position occupée par les cours d'eau alimentaires, et relativement à l'état des prairies, nous avons acquis cette conviction : que le mal gît tout entier dans le mode de canalisation pratiqué pour les moulins.

Ce fait acquis, nous nous sommes demandé si le défectueux régime des eaux n'était pas susceptible de modifications suffisantes, en laissant subsister la canalisation établie. Aucun moyen de réparation ne nous est venu en aide avec les garanties nécessaires.

Dans un autre ordre d'idées, nous avons voulu savoir si la destruction des moulins suffirait seule à tout réparer. A cet égard nous avons reconnu qu'il n'y aurait ni économie, ni succès complet à faire disparaître les moulins.

Nous nous sommes donc attaché à tout protéger, à tout concilier, exigences et intérêts opposés.

Dans ce sens notre projet est connu ; il consiste à déplacer en partie certains biefs de moulins ; à diviser les eaux en trois cours, au lieu d'*un seul*, comme dans l'état actuel ; à conduire ces eaux là où elles peuvent servir à tous usages, sans privation préjudiciable pour les usagers, et de telle manière qu'on puisse les guider, les faire écouler et disparaître, si elles nuisent, les retenir et les employer à discrétion, si leur emploi est avantageux.

Telle est la base fondamentale de notre système.

Le régime des eaux du Né rétabli selon ce principe, il en découle les plus heureuses conséquences. — En effet, les moulins continuent de fonctionner ; si quelques-uns reçoivent exceptionnellement moins d'eau, en retour leur force motrice est maintenue par l'augmentation de leur chute ; les prairies s'assainissent, l'état marécageux disparaît, le desséchement est accompli. Enfin, que ce desséchement, qui est prévu pour suffire dans les temps pluvieux, tende à être trop sensible s'il y a sécheresse, on a alors un moyen sûr et facile de le modérer, de faire plus que de l'arrêter, car on peut à volonté le faire alterner avec une irrigation générale qui porte partout la fertilité, l'abondance, la richesse enfin, et cela en conciliant tous les intérêts pour leur commun avantage.

Conçu dans cet ordre d'idées, le projet, *qui se prête à être*

7

exécuté à divers degrés de perfection et de prix., comporte une dépense totale de 285,000 fr., soit en moyenne 339 fr. par hectare (113 fr. par journal) pour les travaux du desséchement, et de 22 fr. 60 par hectare (7 fr. 50 par journal) relativement aux travaux complémentaires de l'irrigation.

La compensation à ces dépenses est assez large pour que l'on puisse compter donner au sol une plus-value d'un tiers au moins, c'est-à-dire 1,500,000 fr., et tirer des récoltes à venir un revenu nouveau de près de 20 0/0 par an du capital de 500,000 fr. à engager, pour effectuer et diriger tous les travaux.

Malgré ce qu'il promet, ce projet a subi la controverse.

D'abord, MM. les ingénieurs des ponts et chaussées de la Charente en ont fait l'objet de leur contrôle éclairé. Généralement ils l'approuvent et en conseillent l'adoption. M. le sous-préfet de Cognac s'est aussi prononcé en sa faveur.

Enfin, l'enquête publique est venue commencer à Cognac la collection des observations approbatives ou critiques diverses.

Nous avons ci-devant analysé toutes les opinions ; à notre point de vue nous les avons loyalement admises ou réfutées.

Nous avons enfin la satisfaction de penser que la somme des approbations, surtout de celles émanant des personnes les plus compétentes, est de beaucoup supérieure à celle des objections sérieuses ; et de l'ensemble des opinions connues il nous semble voir notre système particulier se dégager des contradictions et attirer sur lui la presque unanimité des suffrages.

L'enquête qui se continuera à Jonzac achèvera d'éclairer la question ; au terme de cette épreuve les éléments d'appréciation ne manqueront pas, sans doute, pour baser la finale décision de l'administration publique.

Que chaque intéressé veuille bien, avant de formuler son avis écrit, se pénétrer exactement des propositions qui lui sont faites ; qu'il sache distinguer entre eux les divers projets dont il est parlé dans le cours de ce mémoire ; qu'il n'attribue pas à un système ce qui appartient à un autre et *vice versâ;* qu'il sache bien ce dont il s'agit ; que, pour cela, il se défende contre les erreurs que dans l'ignorance des faits et de parti pris on cherche parfois à travestir en vérités ; enfin, qu'il ne se prononce qu'en parfaite connaissance de cause : il y va de son intérêt.

Cognac, le 18 décembre 1865.

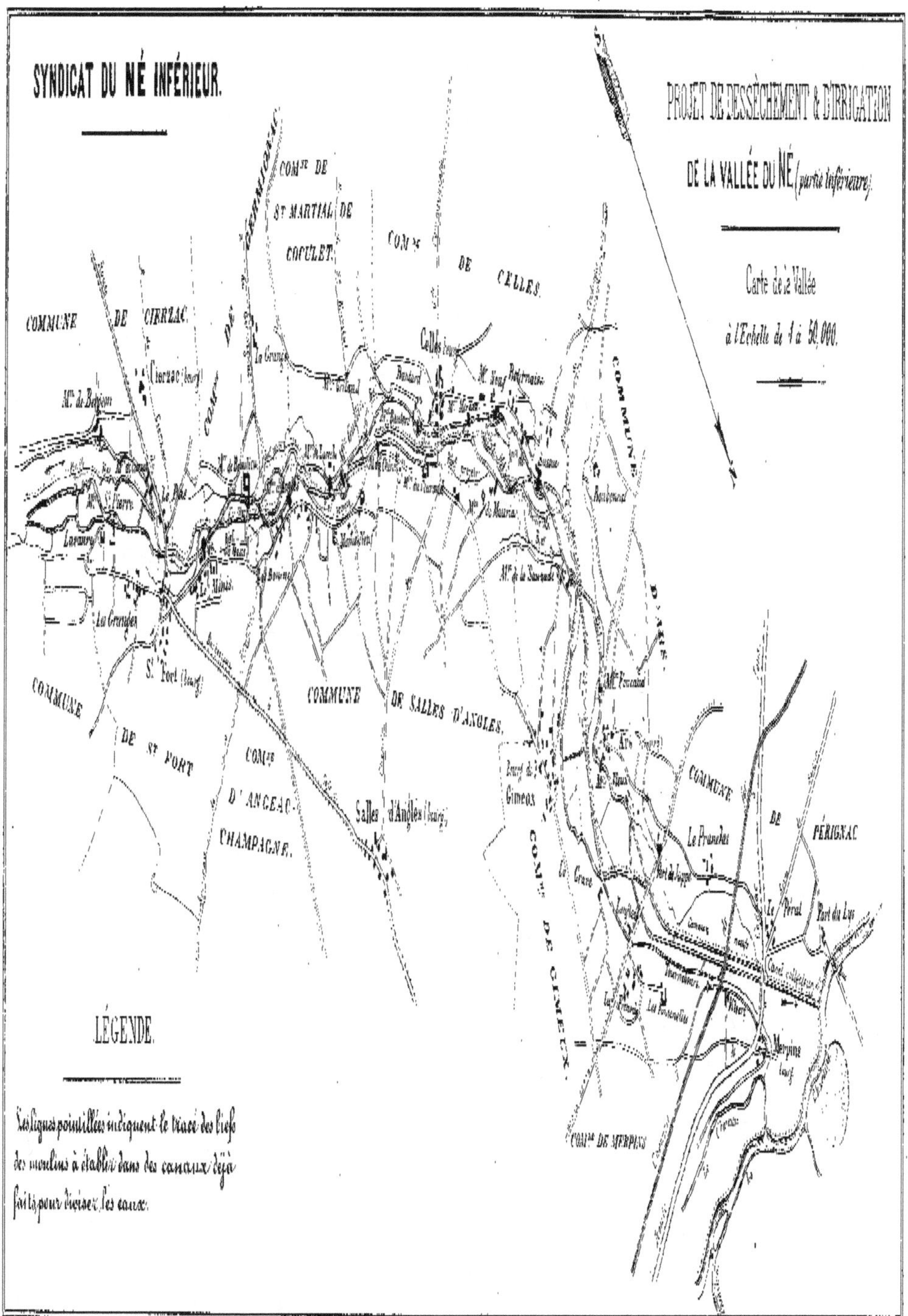

SYNDICAT DU NÉ INFÉRIEUR.

PROJET DE DESSÈCHEMENT & D'IRRIGATION
DE LA VALLÉE DU NÉ (partie inférieure)

Carte de la Vallée
à l'Echelle de 1 à 50,000.

COMMUNE DE CIERZAC
Cierzac (bourg)
COM.ᵗᵉ DE ST MARTIAL DE COCULET
COM.ᵗᵉ DE CELLES
Celles (bourg)
La Grange
Mⁱⁿ de Beaujour
Mⁱⁿ Vany Pelferaise
Mⁱⁿ Moulin
St Pierre
Laramy
Mⁱⁿ de Bénéteau
Mⁱⁿ Louch
Le Pilo
Mⁱⁿ du Tourneux
Mⁱⁿ de Mauriac
Boutignac
Les Granges
St Fort (bourg)
COMMUNE DE ST FORT
COMMUNE DE SALLES D'ANGLES
Mⁱⁿ Fenestaud
Mⁱⁿ de la Sournade
COM.ᵗᵉ D'ANGEAC-CHAMPAGNE
Salles d'Angles (bourg)
Bourg de Gimeux
Gimeux
COMMUNE DE PÉRIGNAC
COM.ᵉ DE GIMEUX
COM.ᵉ DE MERPINS
Le Pranchas
Le Perrat
Port du Lys
Merpins (bourg)
COMMUNE D'ARS

LÉGENDE.

Les lignes pointillées indiquent le tracé des biefs
des moulins à établir dans des canaux déjà
faits pour diviser les eaux.